职业教育电子信息大类教材系列

Java Web应用开发

高晓琴　黄　铭　罗　运　主编

科学出版社

北　京

内 容 简 介

本书从 Java Web 开发初学者角度，结合“四川工商职业购物中心”项目分解知识点并进行讲解。全书分 8 个项目：项目 1 展示出整个项目，介绍了实际项目开发过程的项目搭建和部署。项目 2 到项目 4 介绍了在实际 Web 项目开发中需要的 Java 知识点、HTTP 和 XML 基础知识。项目 5 基于 MVC 的项目开发模式，对 Model（模型层）、View（视图层）和 Controller（控制层）进行层层分解的知识学习。项目 6 是整个项目的登录模块，项目 7 为文件上传、下载和国际化模块，项目 8 为后台商品信息处理模块。

本书有配套的教学课件及部分视频资料，可作为高等院校或高职高专院校计算机相关专业程序设计或 Java Web 项目开发的教材。

图书在版编目（CIP）数据

Java Web 应用开发 / 高晓琴，黄铭，罗运主编. —北京：科学出版社，2021.5

（职业教育电子信息大类教材系列）

ISBN 978-7-03-066145-6

Ⅰ. ①J… Ⅱ. ①高… ②黄… ③罗… Ⅲ. ①JAVA 语言-程序设计-职业教育-教材 Ⅳ. ①TP312.8

中国版本图书馆 CIP 数据核字（2020）第 175022 号

责任编辑：沈力匀 韩 东 / 责任校对：王万红

责任印制：吕春珉 / 封面设计：东方人华平面设计部

科学出版社 出版

北京东黄城根北街 16 号

邮政编码：100717

http://www.sciencep.com

天津市新科印刷有限公司 印刷

科学出版社发行 各地新华书店经销

*

2021 年 5 月第 一 版 开本：787×1092 1/16

2023 年 7 月第二次印刷 印张：11

字数：257 000

定价：32.00 元

（如有印装质量问题，我社负责调换〈新科〉）

销售部电话 010-62136230 编辑部电话 010-62138978-2029

前　　言

Java Web 应用开发在目前的 Web 开发领域占有重要地位，它是目前最流行、发展最快的编程语言之一，其开放、跨平台的特点，吸引了众多的开发人员和软件公司。Java Web 应用开发不仅是学生学习 Java 程序语言设计和 JavaScript 的后续课程，也是培养学生创造能力的重要途径。Java Web 应用开发目前也是 1+X 证书中大数据应用（Java 开发）（高级）部分的内容。为了适应新的高职高专教育人才培养要求，结合《国家中长期教育改革和发展规划纲要（2010—2020 年）》提出的人才培养目标和培养模式，我们在教材建设和教学改革成果的基础上，结合“四川工商职业购物中心”项目，编写了这本《Java Web 应用开发》。

本书结合实际项目“购物中心”进行编写，共分 8 个项目模块。

项目 1 为购物中心项目环境搭建，这一部分主要介绍了整个项目的环境配置搭建，学习本项目后会对整个项目有个大致了解，也能对自己搭建并发布的完整项目有一个清楚的认识。Java Web 开发虽基于 Java 基础但也有很多 Java 进阶部分的内容，项目 2 对这部分内容做了详细讲解。当然 Java Web 开发也是基于 Web 开发的，项目 3 和项目 4 对 Java Web 中基于 HTTP 和 XML 部分的 Web 内容做了详细介绍。项目 5 针对目前主流的 MVC3 层架构进行分解，详细介绍了 Model（JavaBean）、View（JSP）、Controller（Servlet）等。项目 6 主要介绍购物中心登录模块的实现及知识点的分解。项目 7 主要介绍文件的上传、下载等。项目 8 主要介绍后台商品信息处理模块，这部分内容结合 JDBC，进行了详细的介绍。

本书在修订过程中贯彻“深入实施科教兴国战略、人才强国战略、创新驱动发展战略，开辟发展新领域新赛道，不断塑造发展新动能新优势”的理念，紧密对接国家发展重大战略需求，不断更新升级，旨在为人才培养提供重要支撑，为引领创新发展奠定重要基础，更好地服务于高水平科技自立自强、拔尖创新人才培养。

本书由四川工商职业技术学院信息工程系主任周雪梅担任主审，高晓琴、黄铭、罗运担任主编，参加编写人员分工如下：项目 1、项目 3、项目 4 和项目 6 由高晓琴编写，项目 2 由杜若连编写，项目 5 由罗运编写，项目 7 由杜灵编写，项目 8 由黄铭编写。感谢本书项目“工商职业购物中心”的技术支持——四川源码时代科技有限公司及源码时代的赖岗华、张月函在教材组编写过程中提供的帮助与支持。

成书仓促，软件技术也日新月异，编审人员水平有限，存在不足之处，恳请有关专家、学者及同行指正。我们也会在修订版中进一步改进和完善项目，进一步改进和完善我们的教材。

教材编写组

目　录

项目1

购物中心项目之环境搭建

【项目概述】

我们都知道在网络上访问的每个动态网站实际上就是一个个的 Web 网站，每个动态 Web 网站要成功运行离不开 Web 浏览器、Web 服务器和数据库服务器。图 1.1 所示为一个简单的动态网站访问模式。

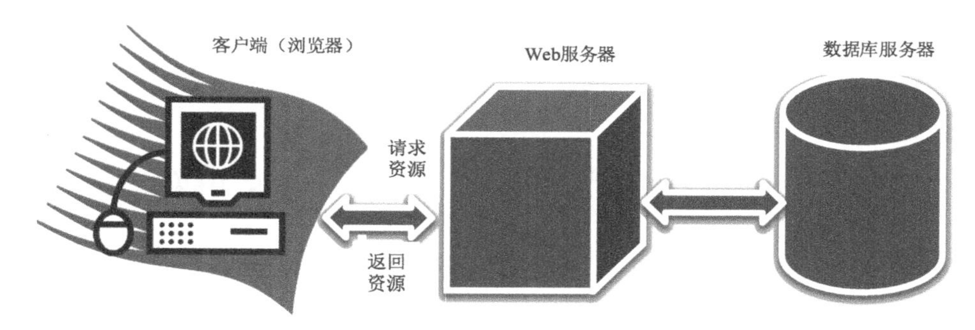

图 1.1　简单的动态网站访问模式

由于 Tomcat 运行稳定、可靠且效率高，因此越来越多的软件公司和开发人员都使用它作为 Web 服务器平台来运行 Servlet 和 JSP。本书 Java Web 网站项目中的 Web 服务器即为 Tomcat 服务器。

【知识目标】

了解 Tomcat 服务器的下载、安装与启动，在 Eclipse 中配置 Tomcat 服务器，以及整个项目的展示与发布等相关知识。

购物中心项目概览

1.1 下载、安装和启动 Tomcat

开发环境的搭建和配置是开发 Java Web 项目、展示项目、将项目交付给用户的整个流程的第一个关键环节。本项目带领大家学习如何搭建购物中心的开发环境、如何配置服务器、如何在服务器和集成开发环境中展示和发布项目。在实施下载、安装和启动 Tomcat 服务器之前，我们需要了解 Tomcat 服务器和 Eclipse 集成开发环境的一些基本知识。

Tomcat 是由 Apache, Sun 和其他一些公司及个人共同开发而成的一个免费的、开放源代码的 Web 应用轻量级服务器。Tomcat 也可以说是一个 Servlet 容器，它实现了对 Servlet 和 JSP 的支持，并提供了作为 Web 服务器的一些特有功能，如 Tomcat 管理、控制平台、安全域管理等。除此以外，Tomcat 还提供了数据库连接池等许多通用组件功能。

Tomcat 版本在不断升级，功能也在不断完善与增强，不同版本的 Apache Tomcat 可用于不同版本的 Servlet 和 JSP 规范。目前最新版为 Tomcat 9.0，本书中的 Java Web 项目所使用的 Tomcat 为 Tomcat 7.0，它支持最新的 Servlet 3.0 和 JSP 2.2 规范。

Eclipse 是一个开放源代码的、基于 Java 的可扩展集成开发环境（IDE）。Eclipse 对 Web 服务器提供了非常好的支持，可以集成各种 Web 服务器（包括 Tomcat 服务器）进行 Web 开发。

下面我们分别讲解 Tomcat 的下载、安装和启动。

安装 Tomcat 7.0 服务器之前确保电脑上已经成功安装 JDK 7.0 及以上版本。

1. 下载、安装 Tomcat 服务器

（1）在 IE 地址栏输入 http://tomcat.apache.org/，进入 Apache Tomcat 官网首页，如图 1.2 所示。

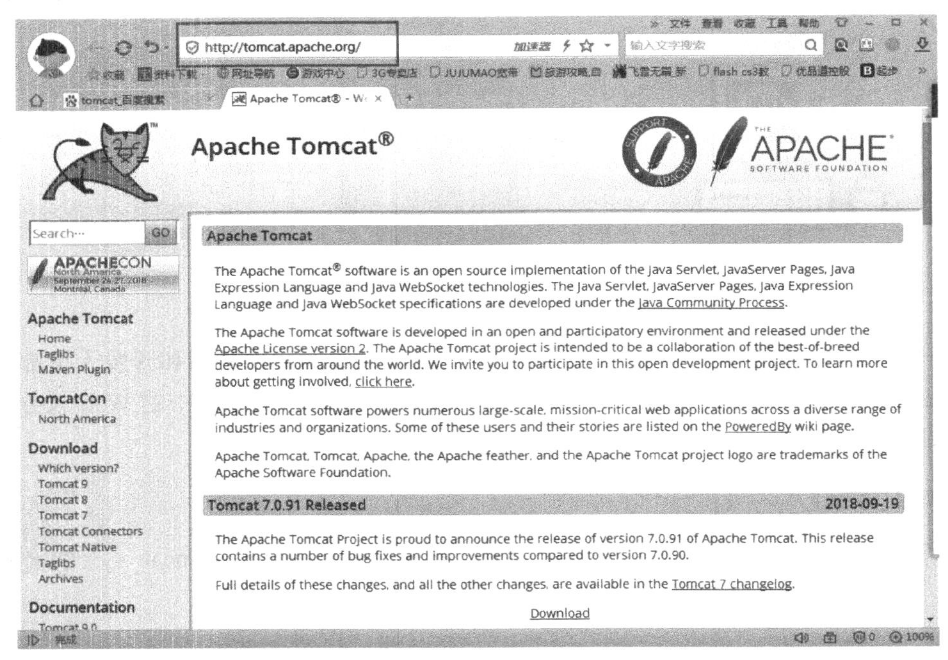

图 1.2　Apacher Tomcat 官网首页

（2）如图 1.3 所示，单击 Download 菜单下的 Tomcat 7 子菜单，进入下载页面。

（3）从图 1.4 中可以看出，根据不同的操作系统，Apache Tomcat 提供了不同的下载安装包。Core 部分的第一个.zip 和.tar.gz 压缩文件是针对 Linux 操作系统的。针对 Windows 操作系统，Apache Tomcat 提供了 32 bit 和 64 bit 的 Windows.zip 和 Windows Service Installer 安装程序，下载时注意查看本机操作系统是什么版本。Windows.zip 的 Tomcat 是压缩包，直接解压即可安装 Tomcat；而 Windows Service Installer 安装程序是一般的安装程序，像安装普通应用软件一样进行安装即可，因为 Windows Service Installer 程序将 Tomcat 注册到了 Windows 服务中，Apache Tomcat 会随着 Windows 的启动而启动。为了节约电脑资源，方便我们下载安装，建议选择.zip 的压缩包进行解压安装，需要注意自己电脑的操作系统是 32 bit 还是 64 bit。

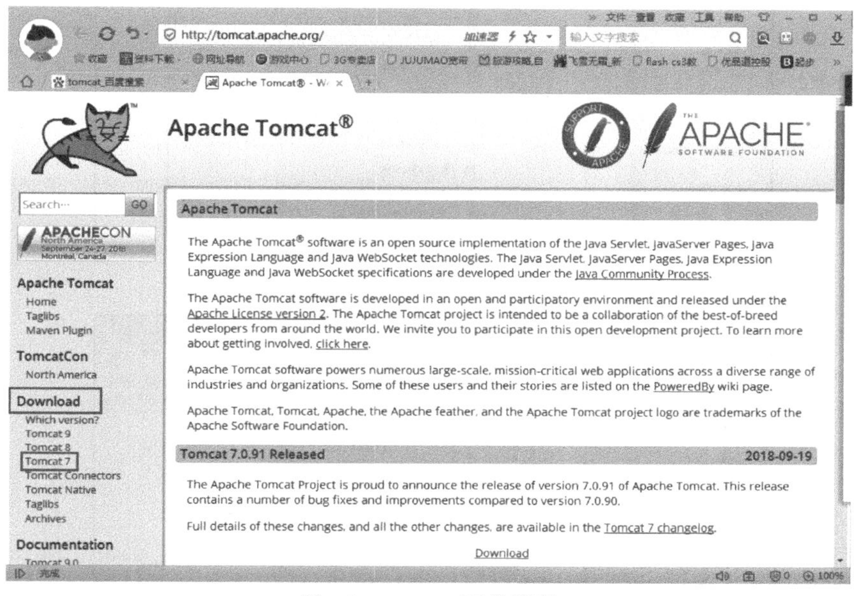

图 1.3　Tomcat 下载指引

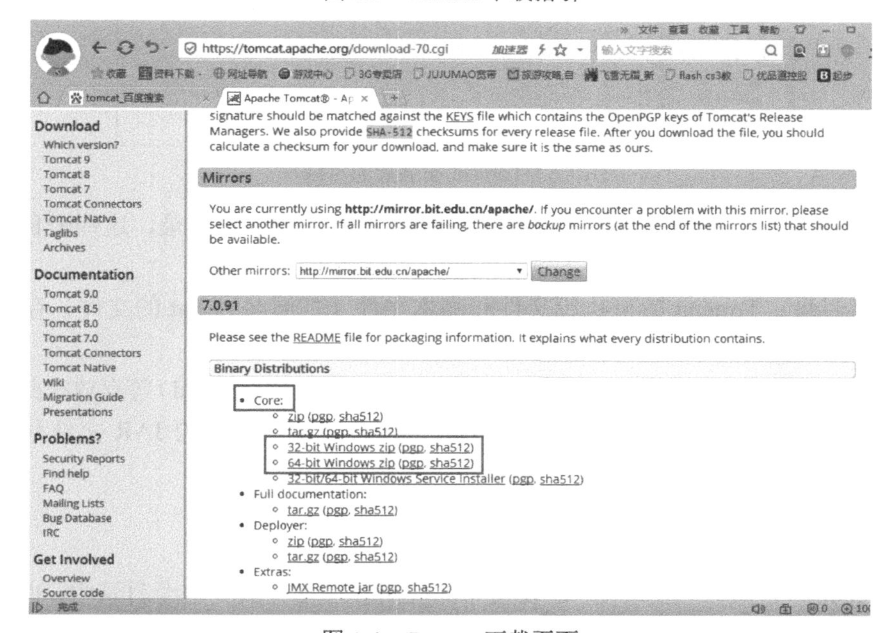

图 1.4　Tomcat 下载页面

（4）选择 Tomcat7.0.91 进行安装，将下载好的 Tomcat 压缩包解压到指定的目录，即可完成 Tomcat 的安装，如图 1.5 和图 1.6 所示。

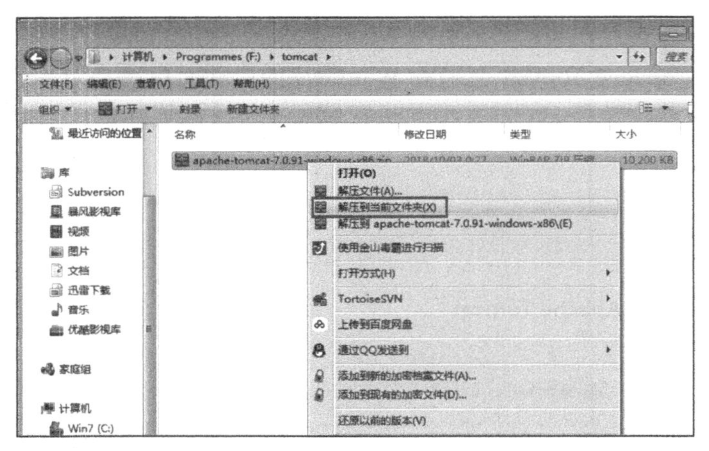

图 1.5　Tomcat 压缩包

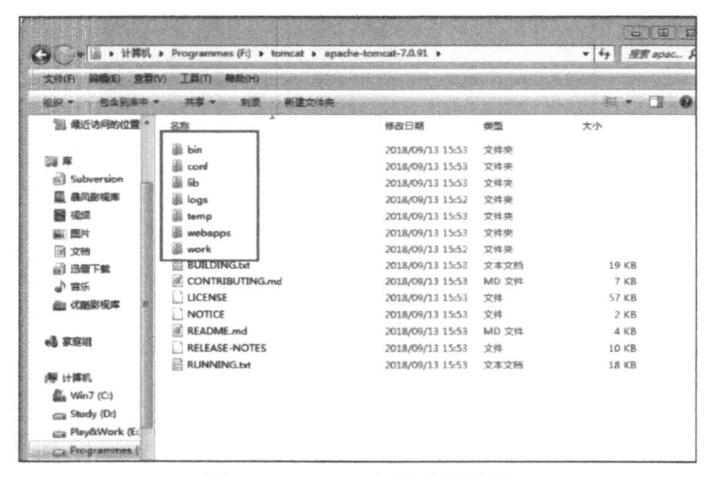

图 1.6　Tomcat 安装后的目录

（5）从图 1.6 可以看出，Tomcat 安装目录中包含一系列的子目录，这些子目录存放不同功能的文件。

- bin 目录：Tomcat 的可执行文件和脚本文件（扩展名为.bat 的文件）存放在此目录中。
- conf 目录：Tomcat 的各种配置文件（如 web.xml 和 server.xml）等存放在此目录中。
- lib 目录：Tomcat 服务器和所有 Web 应用程序所需访问的 JAR 文件存放在此目录中。
- logs 目录：Tomcat 的日志文件存放在此目录中。
- temp 目录：Tomcat 运行时产生的临时文件存放在此目录中。
- webapps 目录：一般来说，需要发布的应用程序都存放到这个目录中，也就是说，webapps 目录是 Web 应用程序的主要发布目录。
- work 目录：JSP 编译生成的 Servlet 源文件和字节码文件都存放于这个目录中，它是 Tomcat 的工作目录。

至此，Tomcat 7.0 已成功安装在电脑中。

2. 启动 Tomcat 服务器

（1）Tomcat 的 bin 目录中存放了很多脚本文件，如图 1.7 所示，其中 startup.bat 是启动 Tomcat 的脚本文件，shutdown.bat 是关闭 Tomcat 的脚本文件。双击 startup.bat 即可启动 Tomcat 服务器，此时在命令行中可以看到一些启动信息，图 1.8 所示为 Tomcat 成功启动示意图，其中可以看到 Tomcat 的版本号。

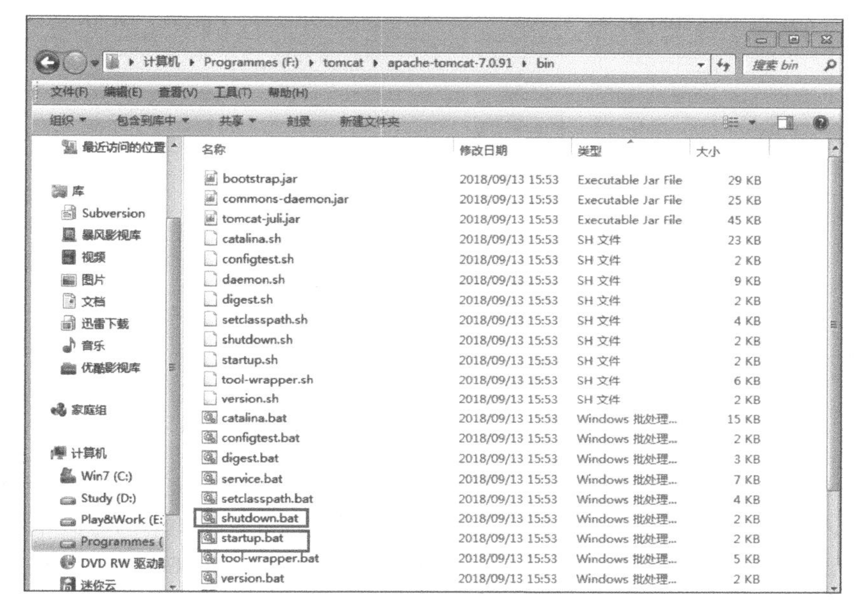

图 1.7　Tomcat 的 bin 目录内容

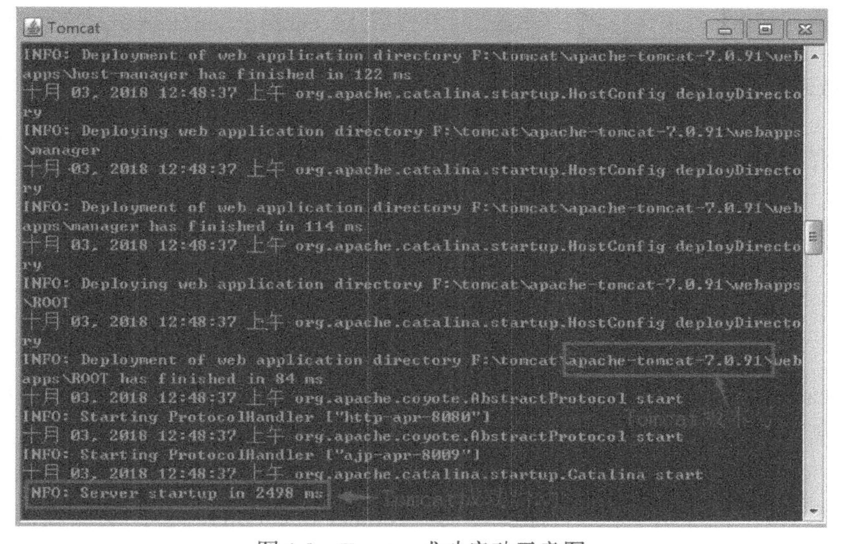

图 1.8　Tomcat 成功启动示意图

若双击 startup.bat 后没有出现图 1.8 所示的内容，屏幕内容只是一闪而过，说明 Tomcat 启动发生了意外，请检查 jdk 环境是否安装成功。

（2）Tomcat 服务器启动成功后，在浏览器地址栏输入 http://127.0.0.1:8080 或

http://localhost:8080 访问 Tomcat 服务器，图 1.9 即为 Tomcat 服务器安装成功示意图。此时注意，127.0.0.1 和 localhost 都表示本机 IP 地址。

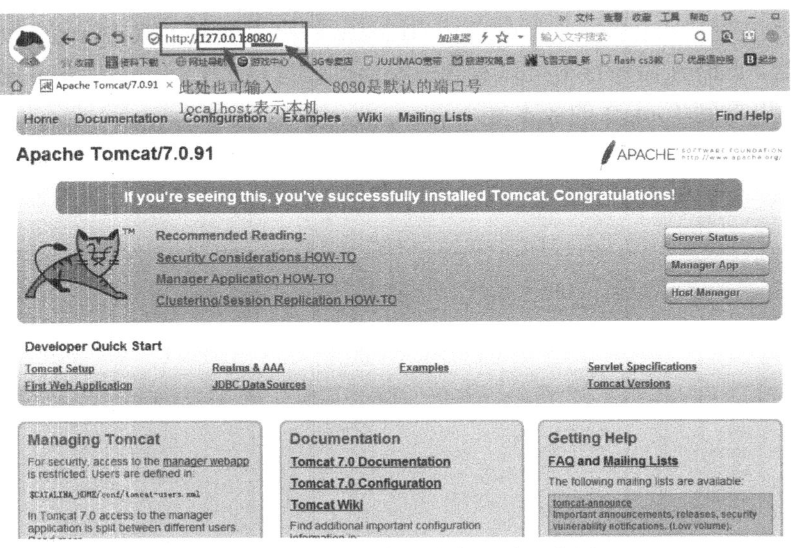

图 1.9　Tomcat 服务器安装成功示意图

为了在浏览器地址栏中输入方便，我们可以将 Tomcat 服务器的默认端口 8080 修改为 HTTP 的默认端口 80，这样我们以后在访问 Web 网站时可省略掉端口号。本书将默认的 8080 端口修改为 80 端口。修改方式为打开 Tomcat 安装目录→conf 目录→server.xml 文件，具体操作如图 1.10 所示。修改完成后要重启 Tomcat 服务器。

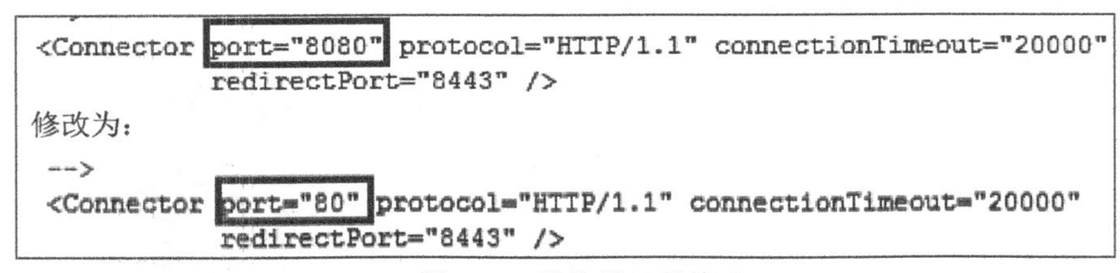

```
<Connector port="8080" protocol="HTTP/1.1" connectionTimeout="20000"
           redirectPort="8443" />
修改为:
 -->
 <Connector port="80" protocol="HTTP/1.1" connectionTimeout="20000"
           redirectPort="8443" />
```

图 1.10　默认端口号修改

1.2　部署 Tomcat 项目

以 Tomcat 为 Web 服务器的 Java Web 项目，如果不需要集成开发环境的支撑，可以有两种项目部署方式。

（1）第一种方式：直接部署到 Tomcat 服务器上，只要将资源（项目）放在 Tomcat 安装目录（见图 1.6）下的 webapps 目录中即可。Tomcat 在启动的时会自动加载该资源。客户端（浏览器端）可以通过 Tomcat 所在的硬件服务器 IP 地址访问该资源。

① 将项目资源 shopping 完整地放在 Tomcat 安装目录下的 webapps 目录中，如图 1.11 所示。

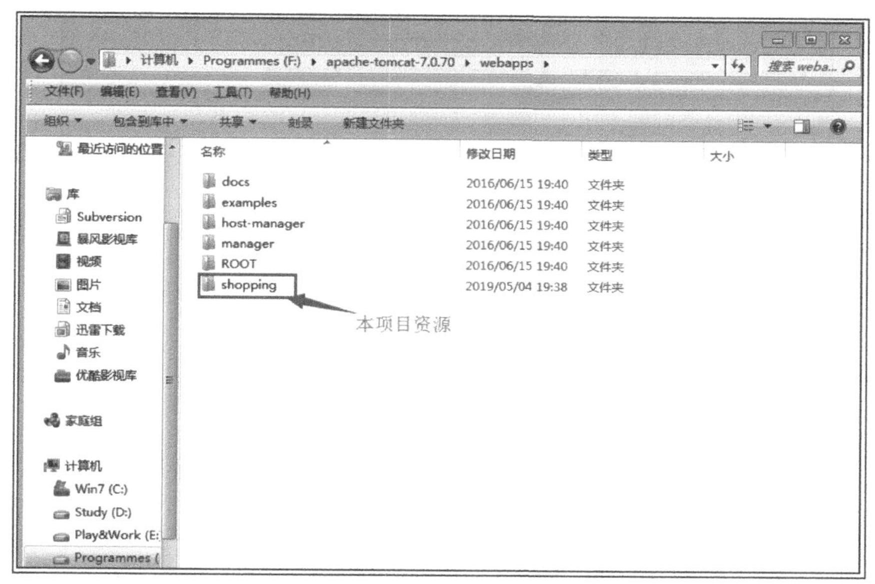

图 1.11　项目资源直接放在 Tomcat 中

② 确保 Tomcat 成功启动，如图 1.8 所示。在浏览器地址栏输入网站首页地址 http://localhost/login.jsp 访问该 Web 网站，如图 1.12 所示。

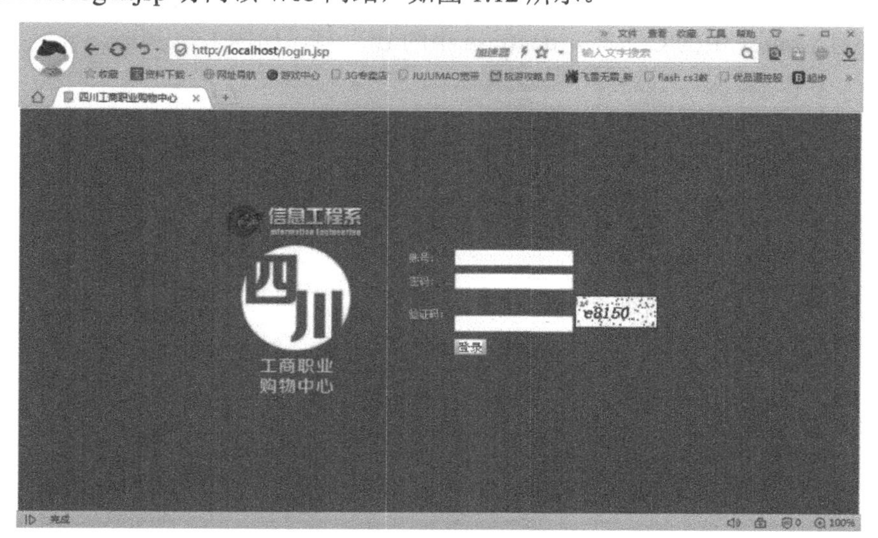

图 1.12　四川工商职业购物中心首页

（2）第二种方式：如果项目资源（比如 cms）不在 Tomcat 安装目录的 webapps 中，可以在 Tomcat 安装目录（见图 1.6）中的 conf 目录下找到 server.xml 文件，通过该文件来配置<Context>标签，如图 1.13 所示。具体步骤如下。

① 如图 1.13 所示，在 Tomcat 安装目录的 conf 文件夹中找到 server.xml 文件，打开并编辑。

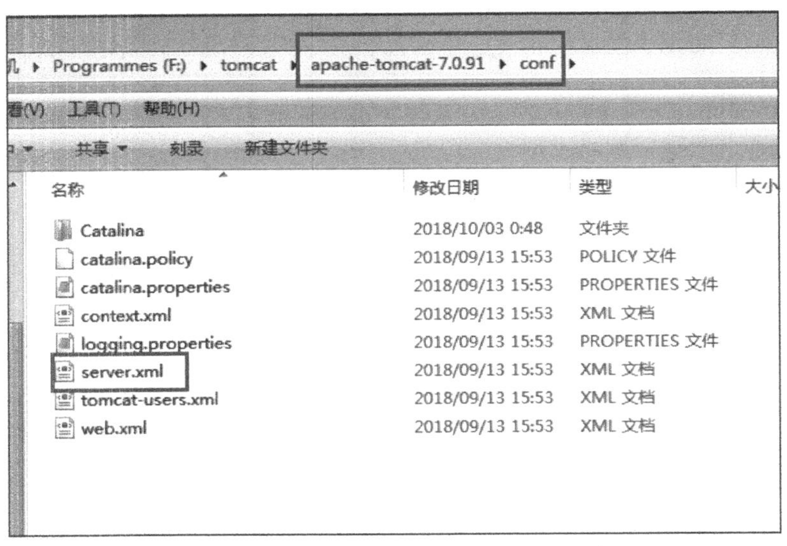

图 1.13　conf 文件夹中的 server.xml 文件

② 在 server.xml 文件中找到标签 Host，在 Host 标签中插入代码行<Context docBase= "D:\Java Web_apps\cms\WebContent" path="/cms" />。注意，docBase 表示资源目录的绝对路径；path 表示该资源的访问路径，也就是虚拟路径。此时注意 Context 标签需要写在 Host 标签中，并且 Contex 中的 C 大写，docBase 中的 B 大写，如图 1.14 所示。

```
      <Host name="localhost"  appBase="webapps"
            unpackWARs="true" autoDeploy="true">

        <!-- SingleSignOn valve, share authentication between web applications
             Documentation at: /docs/config/valve.html -->
        <!--
        <Valve className="org.apache.catalina.authenticator.SingleSignOn" />
        -->

        <!-- Access log processes all example.
             Documentation at: /docs/config/valve.html
             Note: The pattern used is equivalent to using pattern="common" -->
        <Valve className="org.apache.catalina.valves.AccessLogValve" directory="logs"
               prefix="localhost_access_log." suffix=".txt"
               pattern="%h %l %u %t &quot;%r&quot; %s %b" />
          <!--
               docBase:资源目录的绝对路径
               path:资源的访问路径
          -->
        <Context docBase="D:\JavaWeb_apps\cms\WebContent" path="/cms" />
      </Host>
    </Engine>
  </Service>
</Server>
```

图 1.14　修改 Context 标签

③ 重启 Tomcat 服务器，启动成功后在浏览器地址栏输入 http://localhost /login.jsp 访问该 Web 网站，如图 1.12 所示。

1.3　在 Eclipse 中配置 Tomcat 服务器

本书中，工商职业购物中心项目选用 Eclipse 开发工具下 jee 的 Juno（可到 Eclipse 官网 www.eclipse.org 中下载）版本进行项目开发。在 Eclipse 中配置 Tomcat 服务器的步骤如下。

（1）启动 Eclipse 开发工具，选择工作区进入开发环境，如图 1.15 所示。

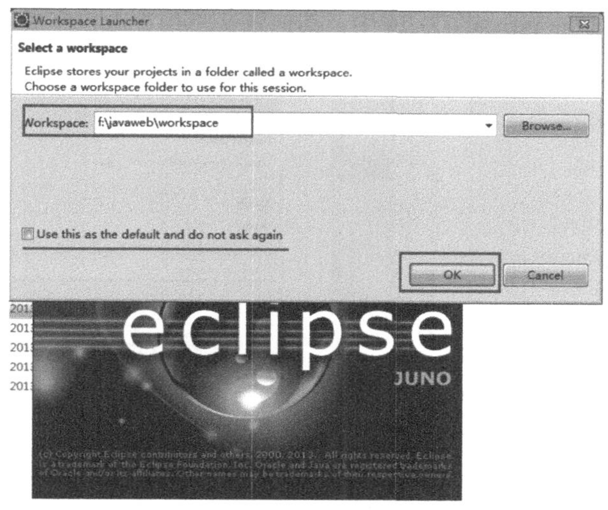

图 1.15　选择工作区

（2）在 Eclipse 的 Window 菜单中，选择 Preferences（属性），进入 Preferences 窗口，在该窗口的左边，单击 Server（服务器）选项，选择展开菜单的最后一项 Runtime Environment（运行环境），窗口右侧出现 Server Runtime Environments（服务器运行环境）选项卡，如图 1.16 所示。

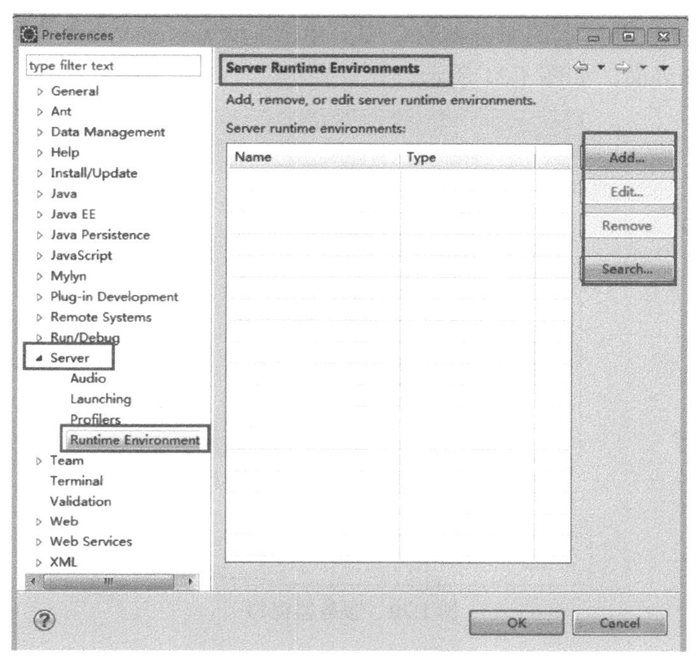

图 1.16　Server 选项

（3）如图 1.16 所示，在服务器运行环境中单击最右边的 Add 按钮，弹出一个 New Server Runtime Environment（新建服务器运行环境）窗口，选择 Apache 下对应的版本 Apache Tomcat 7.0，单击 Next（下一步）按钮，如图 1.17 所示。在 Tomcat Server 窗口中，选择 Tomcat 安装目录，比如在 F:\apache-tomcat-7.0.70 中，其他默认不用更改，完成后单击 Finish（完成）按钮，如图 1.18 所示。界面退回到图 1.16 后，单击 OK 按钮完成新建服务器运行环境。

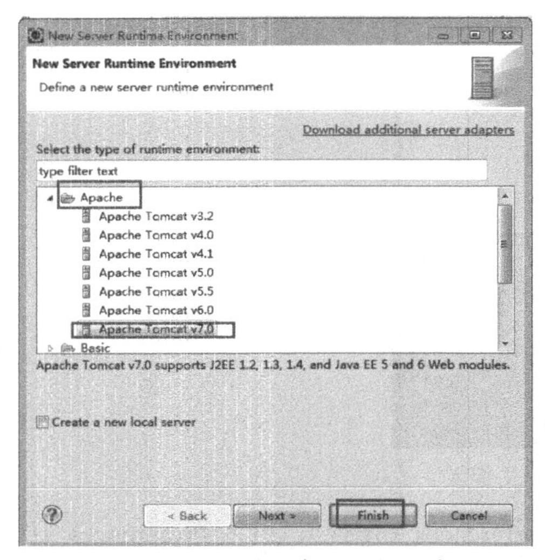

图 1.17　新建服务器运行环境

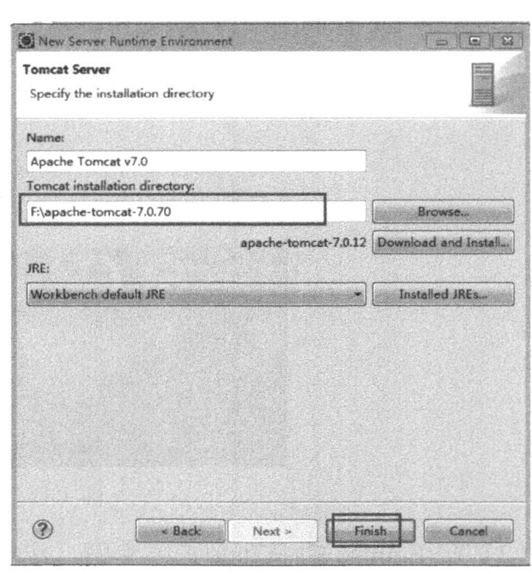

图 1.18　Tomcat Server 窗口

（4）创建一个服务器窗口，以便新建项目的运行服务器。在 Eclipse 菜单中选择 Window 菜单，选择 Show View 子菜单下的 Servers 选项，将服务器窗口显示出来，如图 1.19 和图 1.20 所示。在图 1.20 所示的服务器窗口中，单击 new server wizard（新建服务器向导），进入定义新服务器界面，如图 1.21 所示。

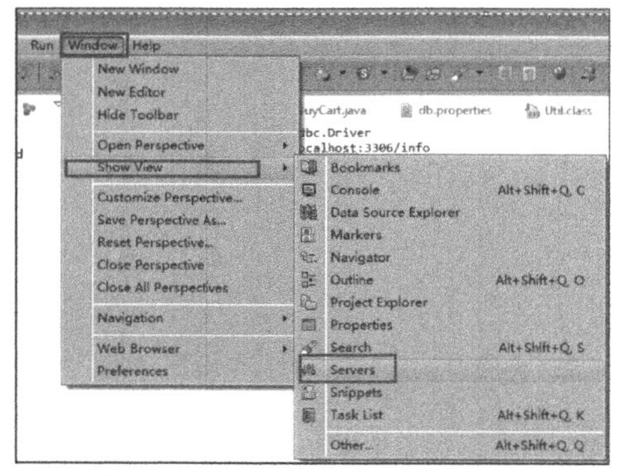

图 1.19　显示 Servers 窗口的方法

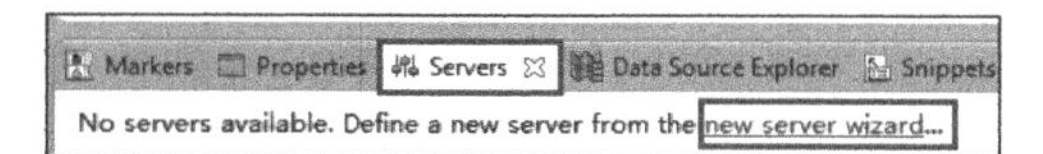

图 1.20　服务器窗口

在图 1.21 中定义一个服务器，默认选择 Tomcat v7.0，其他选项不变，单击 Next 按钮，进入添加、删除项目资源界面，如图 1.22 所示，左边显示的是 Eclipse 中开发的项目资源，单击 Add 按钮可将项目资源添加到右边选框中，此时便完成了项目资源在 Tomcat 服务器上的部署，单击 Finish 完成操作。

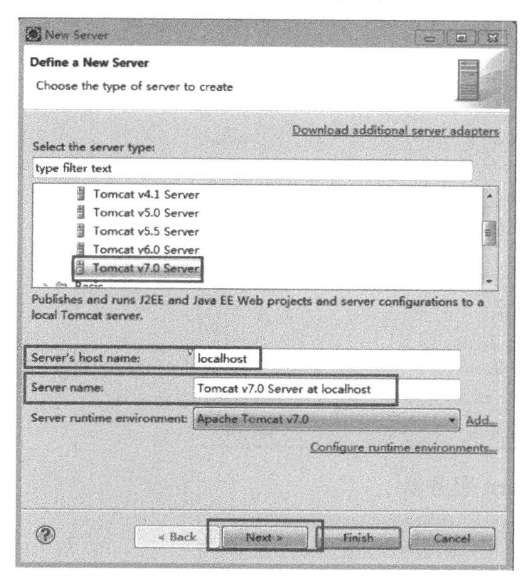

图 1.21　定义服务器

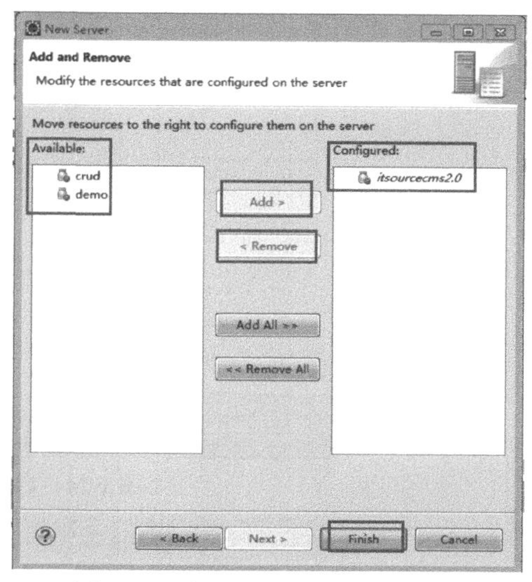

图 1.22　将项目资源部署到服务器

现在已经新建了服务器运行环境，也定义了新的 Tomcat 服务器，下面在 Eclipse 的 Package Explorer（资源管理器）窗口中单击 Server 文件夹，能看到 Tomcat 的 web.xml, server.xml 等文件，如图 1.23 所示。

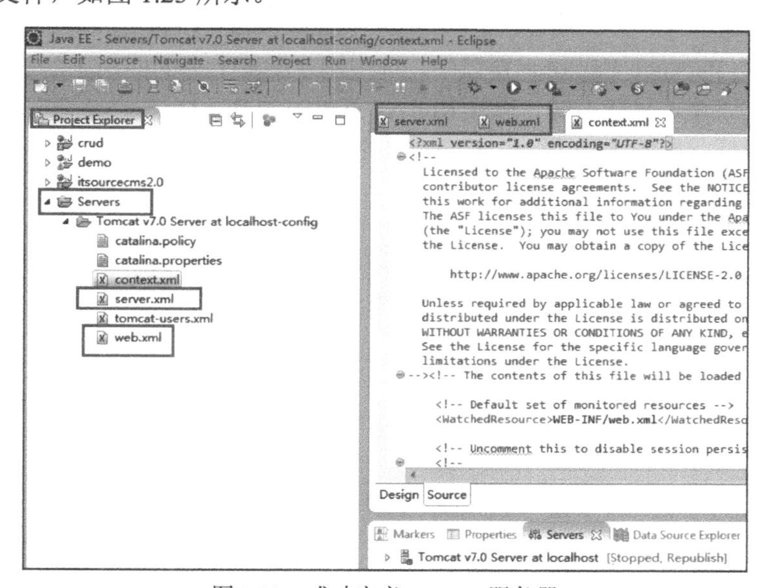

图 1.23　成功定义 Tomcat 服务器

（5）在 Server 窗口中选择我们刚才创建好的 Tomcat 7.0 服务器，单击鼠标右键，在弹出的级联菜单中选择 Start 命令，如图 1.24 所示，在 Console 控制台中可以看到一条 Server startup 信息，如图 1.25 所示，说明 Tomcat 已成功启动。该方法与前面在 Tomcat 安装目录的 bin 文件夹中单击 startup.bat 一样，可以成功启动 Tomcat 服务器。

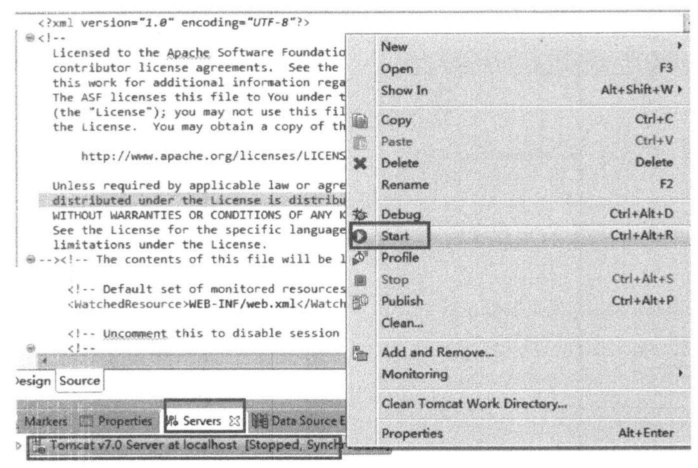

图 1.24　启动 Tomcat 服务器

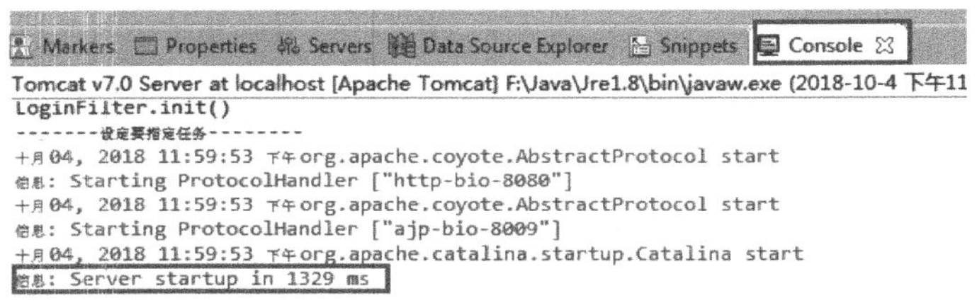

图 1.25　Tomcat 服务器启动成功

在 Eclipse 的 Package Explorer 窗口中，选中刚才配置上去的四川工商职业购物中心项目（itsourcecms），单击鼠标右键，选择 Run As 菜单中的 Run On Server 命令，在 Tomcat 中启动本书中的项目，如图 1.26 所示。Console 控制台出现如图 1.25 所示的信息，说明项目成功部署并且可以正常访问 Web 资源。

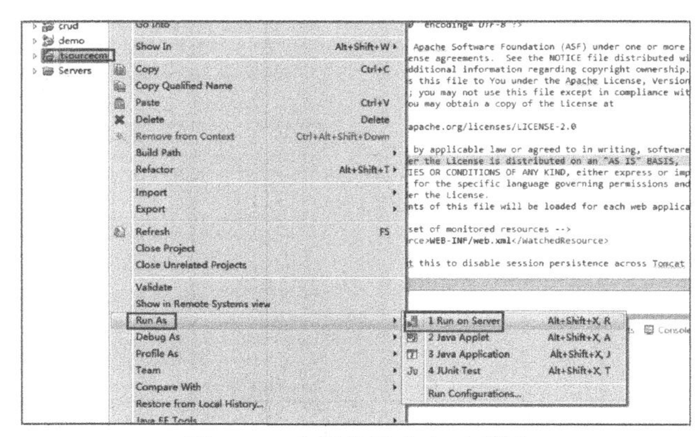

图 1.26　在服务器中启动项目

也可以将 Tomcat 插件 tomcatPluginV33.zip 解压后放到 eclipse 安装目录下的 plugins 文件夹中，如图 1.27 所示。Tomcat 插件安装成功后在 eclipse 开发界面出现如图 1.28 所示的

3 个图标。单击第一个图标即可启动 Tomcat 服务器，与图 1.24 中 Start 的功能类似。

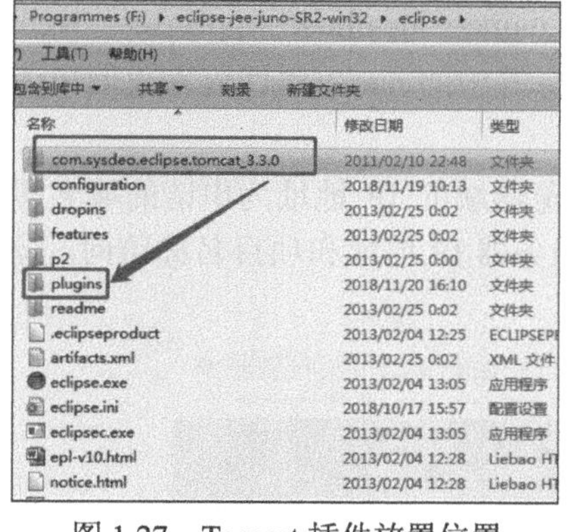

图 1.27　Tomcat 插件放置位置

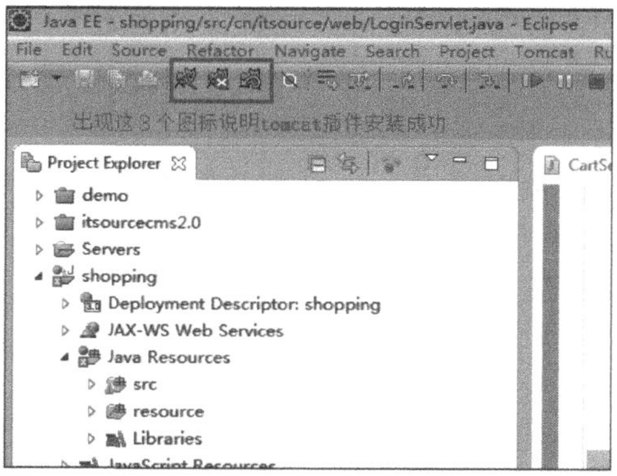

图 1.28　Tomcat 插件安装成功显示

1.4　项目发布和展示

1．项目发布

要在 Internet 上访问一个网站，需要输入网站的 IP 地址或域名。比如，访问四川工商职业技术学院官网，可在浏览器地址栏输入 IP 地址：182.151.213.11 或域名：www.sctbc.net，浏览器中就会出现四川工商职业技术学院官网首页。

一个 Java Web 网站如果需要发布在 Internet 上供网络用户共同访问，那么就需要将 Java Web 网站放在一个安装了 Tomcat 服务器的主机上，并且这个主机在网络上是可以访问的。如果电脑在网络上的 IP 地址是固定的，也可以将本机作为网络上的服务器供网络用户访问，且保持稳定不断电，Internet 上的用户访问网站需要记住 IP 地址。众所周知，IP 地址是一个 32 bit 的二进制，简化以后的四川工商职业技术学院官网的 IP 地址 182.151.213.11 也是非常不方便记忆的，用 IP 地址访问网站会大大降低网站的访问量。为了能提高网站访问量，方便用户访问网站，用户需要申请一个域名对应 Tomcat 服务器所在的 IP 地址，可以租用远程服务器或做一个服务器托管，将 Tomcat 服务器放在远程服务器上。具体如何申请域名、租用服务器，网络上有很多资源，比如西部数码就是一个可以申请域名，租用服务器的机构，此处不再赘述。

以租用服务器、申请域名后的项目发布为例进行介绍。

（1）先在服务器上搭建好 Java 开发环境，如 JDK 的安装、Tomcat 的安装、MySQL 数据库的安装（本书项目采用 MySQL 数据库）。

（2）打包上传。将项目打包成 war 文件，然后传到远程服务器（在 Eclipse 中直接将项目导出为.war 文件）。

（3）将 war 文件移动到 Tomcat 目录的 webapps 下（类似于在本机中直接部署在 Tomcat 安装目录下的 webapps 中）。此步骤应注意两点。第一点，修改 Tomcat 配置文件中

server.xml 的服务器默认访问端口为 80，方法见图 1.10。第二点，在 Tomcat 安装目录的 conf 目录中，打开 server.xml 文件，找到如下代码<Host name="localhost" appBase= "webapps" unpackWARs="true" autoDeploy="true">，修改 Host 标签中的 name 属性值为我们申请的那个域名。

（4）重启 Tomcat，访问我们的项目。访问时浏览器端的 IP 地址为申请的域名即可。如图 1.29 所示，我们将项目部署在服务器上，通过服务器 IP 地址和项目名称访问。（注意，服务器有效时间有限，读者可能访问不了。）

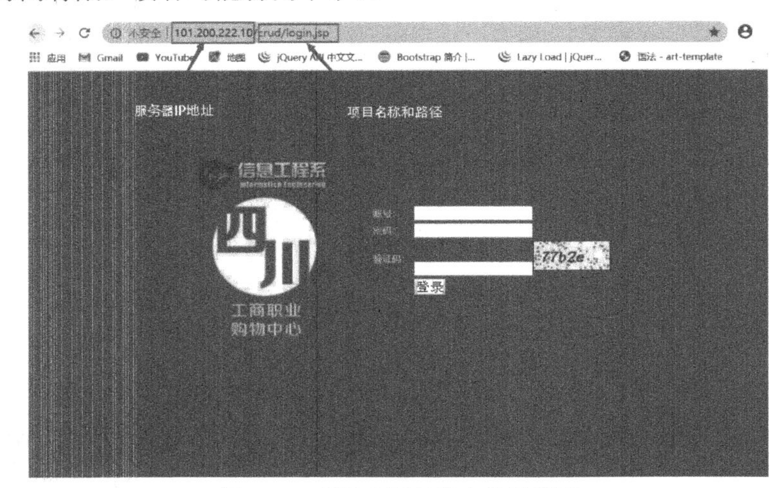

图 1.29　项目在服务器上的效果图

2. 项目展示

此处将 IP 地址对应修改为申请的域名，即为网络上发布的项目。

（1）后台管理。

① 登录页面，如图 1.30 所示。登录成功之后进行判断，如果是超级管理员用户登录，则能看到用户管理模块，如果不是超级管理员则不能看到用户管理模块。

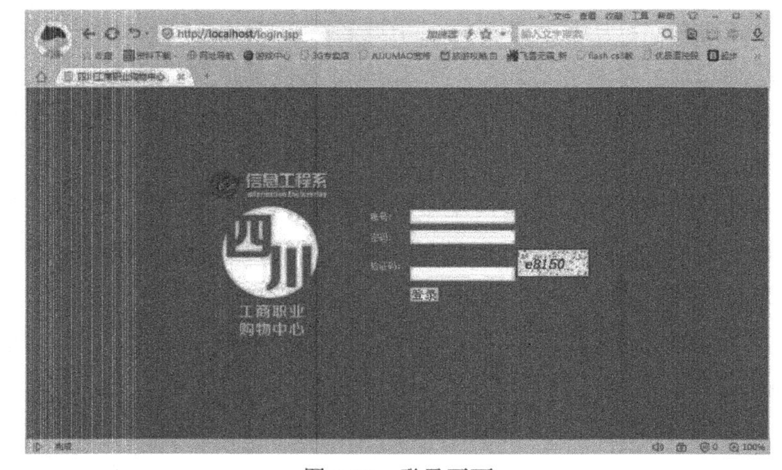

图 1.30　登录页面

② 登录成功后的管理页面如图 1.31 所示。

商城 管理中心- 商品列表　　添加商品

关键字　搜索

编号	商品名称	销售价格	品牌	折扣	成本价	操作
14	罗技MX1100	550.0	罗技	0.76	300.0	
15	罗技M950	678.0	罗技	0.78	320.0	
16	罗技MX Air	1299.0	罗技	0.72	400.0	
17	罗技G1	155.0	罗技	0.8	49.0	
18	罗技G3	229.0	罗技	0.77	96.0	
19	罗技G500	399.0	罗技	0.88	130.0	
20	罗技G700	699.0	罗技	0.79	278.0	

显示分页条

共执行 7 个查询，用时 0.028849 秒，Gzip 已禁用，内存占用 3.219 MB
版权所有 © 2005-2012并保留所有权利。

图 1.31　登录成功后的管理页面

③ 商品添加页面如图 1.32 所示。

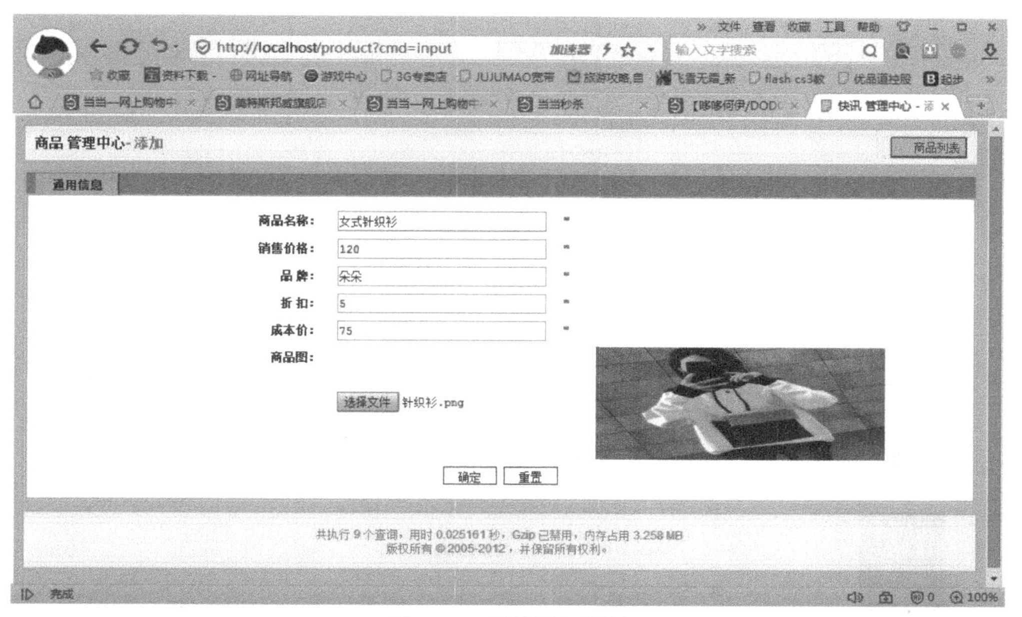

图 1.32　商品添加页面

④ 商品管理页面，如图 1.33 所示。信息录入完毕之后单击确定按钮，重定向到管理页面。

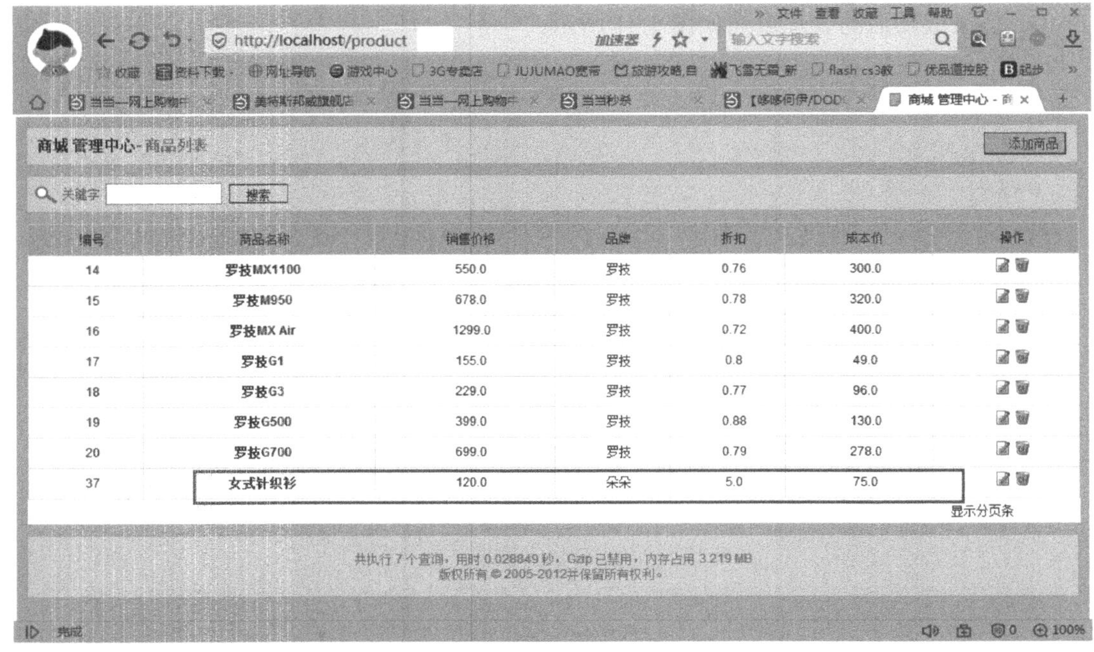

图 1.33　商品管理页面

（2）普通用户登录。

① 购物页面如图 1.34 所示。

图 1.34　购物页面

② 添加商品到购物车后，购物车管理页面如图 1.35 所示。

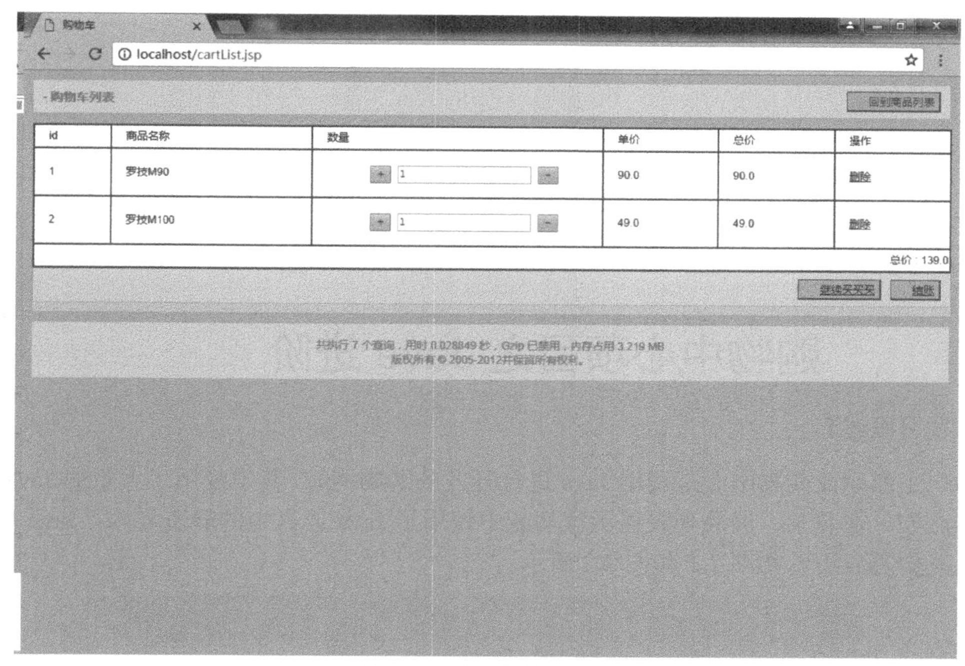

图 1.35　购物车管理页面

【项目总结】

在本项目中，通过分解的 4 个任务学习了 Tomcat 服务器和 Eclipse 集成开发环境下项目的安装部署、发布展示等。需要注意的是，Tomcat 是 Java Web 项目的 Web 服务器，Eclipse 是 Java Web 项目的集成开发环境。Java Web 项目开发完成以后可以直接放在 Tomcat 服务器目录下进行发布展示；也可以将 Tomcat 服务器配置到 Eclipse 开发环境中，然后将 Eclipse 开发环境开发完成的 Java Web 项目直接部署到 Tomcat 服务器进行发布展示。如果要在互联网中进行发布，需要将项目部署到 Tomcat 服务器中进行发布展示。在本项目中，阐述了四川工商职业购物中心项目的整体结构，后续的学习中将对整个项目的开发实施环节逐一讲解。

【项目拓展】

1. 下载安装 Tomcat 服务器，启动 Tomcat 服务器。下载地址为 http://tomcat.apache.org/。

2. 修改 Tomcat 的默认访问端口为 80 端口，并测试是否成功。

3. 在 Eclipse 中配置服务器，新建 Tomcat 服务器，并创建一个项目进行测试。

4. 将四川工商职业购物中心项目用两种方式发布访问。第一种方式，直接部署到 Tomcat 的 webapps 中进行访问。第二种方式，在 Eclipse 中导入此项目，部署到 Tomcat 服务器中进行访问。

5. 将 Tomcat 插件正确放置到 Eclipse 的 plugins 目录中，在 Eclipse 中直接单击 Tomcat 图标启动、重启和关闭 Tomcat 服务器。

购物中心项目之 Java 进阶

【项目概述】

四川工商职业购物中心是利用 Java 进行开发的购物网站，其中使用了大量的 Java 高级应用。比如，在登录、商品列表展示等功能中使用了 Java 语言中的静态导入、Java 反射、注解、泛型等应用，如图 2.1 和图 2.2 所示。

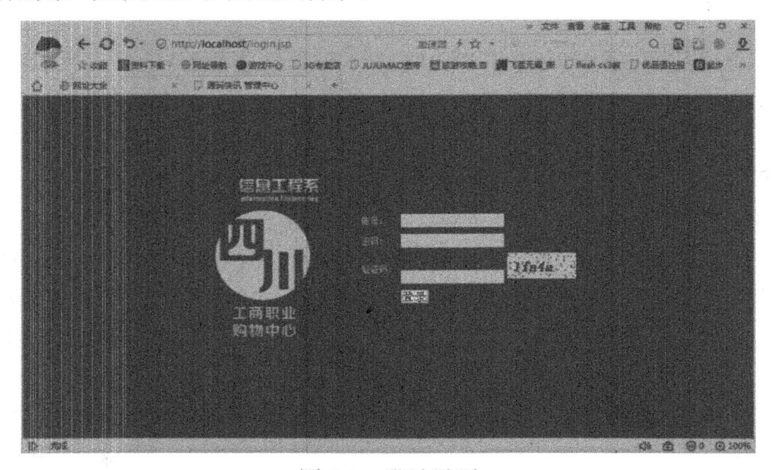

图 2.1　登录界面

图 2.2　商品添加界面

【知识目标】

本项目中，我们将会学到 Java 静态导入的使用方法、可变参数的作用、增强 for 循环的使用方法，项目中枚举、注解、泛型的应用，在数据库的访问中利用 Java 反射机制获取类的信息等知识。

2.1 Java 语言基础

2.1.1 静态导入

import 语句可以导入一个类或某个包中的所有类，而 import static 语句则导入一个类中的某个静态方法或所有静态方法。在导入的 Java 文件中可以直接使用这些方法，而不需要通过类名调用。

静态导入的语法：

```
import static 包名.类名.方法名;
```

例如：

```
import static java.lang.Math.*;
```

或者：

```
import static java.lang.Math.abs;
import static java.lang.Math.sin;
public class MathTest{
public static void main(String[] args) {
System.out.println(abs(-0.75));                //求绝对值
System.out.println(sin(6.0));                  //求角的三角正弦
}
}
```

2.1.2 可变参数

当方法的同类型的参数不确定时，可以采用可变参数来解决参数不确定的问题。可变参数也是一种数组参数的简化形式，在方法内部可变参数作为数组来表现，使用该方法可在可变参数的位置传入一个数组或者直接传入数组中的内容。可变参数就是一个方法，可以接收任意多个参数。

可变参数的语法格式：

参数类型… 参数名称

其中，“…”实际上表示一个数组结构。例如：public void　Myfun(int… a) {}。

上面方法 Myfun()的参数类型为 int，其中“…”不是省略号， 参数 a 就是可变参数类型。

示例：

```
public class MainTest {
public static void add(int... x){  //定义了一个可变参数 x
int sum=0;
for (int i = 0; i < x.length; i++) {
sum+=x[i];
}
public static void main(String[ ] args) {
int[ ] array1 = {11,22,32,42,50};
add(array1);                      // 传入一个数组
add(11,22,32,42,50);              // 传入一个数组
}
System.out.println("参数总和为: "+sum);
}}
```

2.1.3 增强 for 循环

增强 for 循环是普通 for 循环的简化形式，数组和实现了 Iterable 的类都可以使用增强 for 循环。

增强 for 循环的语法：for (type 变量名:集合或数组变量名) { … }

示例：

```
public static int add1(int x,int ...args) {
int sum = x;
for(int arg1:args) {                      //增强 for 循环
sum += arg1;
}
return sum;
}
public static int add2(int x,List list) {
                                          //存放 Integer 类型的 list 集合
int sum = x;
for (Object object : list) {              //增强 for 循环
sum+=(Integer)object;
}
return sum;
}
```

注意

（1）不能在增强循环里动态地删除集合内容，如果需要在循环的过程中动态删除集合内容，建议使用普通 for 循环或者使用 Iterator 的 remove()方法。

（2）不能获取下标。如果在业务逻辑中使用到元素下标，那么必须使用普通 for 循环。

2.1.4　自动拆箱与装箱

Java 5 开始提供基本数据（Primitive）类型的自动装箱（autoboxing）、拆箱（unboxing）功能。

简单类型值直接赋给其包装类型引用的过程就是自动装箱。

例如：Integer i = 10;相当于编译器自动做以下的语法编译：Integer i = Integer.valueOf(10);这就是将 10 这个整数自动装箱为 Integer 对象。

包装类型对象直接使用基本数据运算符计算，这个过程是自动拆箱。

示例：

```
Integer  x1=10; //装箱
int y1=x1;  //将 Integer 对象 x1 转换成 int 类型并赋值给 y1，这个过程是自动拆箱
```

自动装箱和拆箱的功能适用于 char, long, boolean, byte, short, float, double 等基本数据类型和对应的打包类型 Character, Long, Boolean, Byte, Short, Float, Double 的类型自动转换。

2.2　枚举的应用

2.2.1　枚举类型

枚举元素列表中的元素都是当前类的对象。

简单不带参数的枚举类型可以只有枚举元素：

```
public enum WeekDay {
//枚举元素只能写在开始位置并且用“,”隔开，通过“;”结束
//如果只有简单的枚举类型，可以不写最后的分号
MONDAY, TUESDAY, WEDNESDAY, THURSDAY,FRIDAY, SATURDAY, SUNDAY;
}
```

枚举类型上的静态方法：

```
//得到所有的枚举元素
WeekDay[] weekDays=WeekDay.values();
//通过枚举元素名字（区分大小写）得到对应的对象
WeekDay monday = WeekDay.valueOf("MONDAY");
```

枚举类型实例对象（元素）上面的方法：

```
//得到枚举元素的名字
System.out.println(WeekDay.MONDAY.name());
//得到枚举排列序号,如 0,1...
System.out.println(WeekDay.MONDAY.ordinal());
```

2.2.2　带构造器的枚举

构造器必须定义成私有的，可定义多个构造器。

枚举元素 MONDAY 和 MONDAY()的效果一样，都是调用默认的构造器。枚举中也

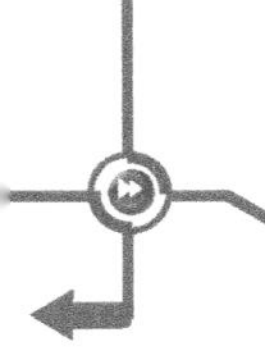

可以自定义成员方法。

【案例 2.1】带构造器的枚举。

```
public enum WeekDay {
//枚举元素只能写在开始位置并且用“,”隔开，通过“;”结束
MONDAY("星期一"), TUESDAY("星期二"), WEDNESDAY("星期三"), THURSDAY("星期四"),FRIDAY("星期五"), SATURDAY("星期六"), SUNDAY("星期日");
private String chineseName;
private WeekDay(String chineseName) {  // 保证不能在外面创建对象
this.chineseName = chineseName;
}
public String toString() {
return this.chineseName;
}
//成员方法
public WeekDay next(){                        //当前日期的下一天
switch (this) {
case Monday:
return Tuesday;
case Tuesday:
return Wednesday;
case Wednesday:

return Thursday;
//后面的省略
return null;
}}
```

2.2.3 带有抽象方法的枚举

带有抽象方法的枚举是指每个元素分别由枚举类的子类来生成实例对象，这些子类采用类似内部类的方式进行定义。

【案例 2.2】带有抽象方法的枚举。

```
public enum WeekDay {
// 枚举元素只能写在开始位置并且用“,”隔开，通过“;”结束
MONDAY("星期一") {                        //匿名内部类
public WeekDay next() {
return Tuesday;
}
},
TUESDAY("星期二") {
public WeekDay next() {
return Wednesday;
```

```
}
},
WEDNESDAY("星期三") {
public WeekDay next() {
return Thursday;
}
},
THURSDAY("星期四") {
public WeekDay next() {
return Friday;
}
},
//后面省略
private String chineseName;
private WeekDay(String chineseName) {// 保证不能在外面创建对象
this.chineseName = chineseName;
}
public String toString() {
return this.chineseName;
}
```

该方法是抽象的，每个元素分别必须由枚举类的子类来生成实例对象，这些子类采用内部类的方式进行定义，每个内部类的 next()方法实现方式可以不同。

2.3 Java 反射应用

2.3.1 Java 反射机制

Java 反射机制指的是程序在运行时能够获取自身的信息。在 Java 中，只要给定类的名字，就可以通过反射机制来获得类的所有信息。在运行状态中，对于任意一个类，都能够知道这个类的所有构造器、方法和字段等信息；对于任意一个对象，都能够调用它的任意一个方法；这种动态获取的信息以及动态调用对象的方法的功能称为 Java 语言的反射机制。

Java 反射机制的功能：在运行时，判断任意一个对象所属的类；在运行时构造任意一个类的对象；在运行时判断任意一个类所具有的成员变量和方法；在运行时调用任意一个对象的方法；生成动态代理。

2.3.2 Class 类

3 种得到 Class 类实例的方法如下。

第一种：类名.class，例如：System.class。

第二种：对象.getClass()，例如：new Calendar.getClass()。

第三种：Class.forName("类名")，例如：Class.forName("java.util.Calendar ")。

最常用的是 Class.forName，因为可以动态传递参数，从而得到不同的 Class 对象；当使用类名.class 时，该类中的静态代码块不执行。

【**案例 2.3**】3 种得到 Class 类实例的方法。

```
public class ClassDemoTest{
public static void main(String[] args) throws Exception {
// 3 种方式得到 Book 类对应的 Class 对象
Class c1 = Book.class;                              // 第一种
Book book = new Book ();
Class c2 = Book.getClass();                         // 第二种
Class c3 = Class.forName("cn.itsource.Book ");      // 第三种
System.out.println(c1 == c2);  // true
System.out.println(c2 == c3);  // true，因为它们都指向同一个类名
}
}
```

2.3.3 Class 类常用方法

1. 获取 Class 中的字段

➢ getField(String name)

返回一个 Field 对象，它反映此 Class 对象所表示的类或接口的指定公共成员字段。

示例：

```
//获取指定名字被 public 修饰的字段
Field field=class.getField("name");
```

➢ getFields( )

返回一个包含某些 Field 对象的数组，这些对象反映此 Class 对象所表示的类或接口的所有可访问公共字段。

示例：

```
//获取所有被 public 修饰的字段
Field[] fields = class.getFields();
```

➢ getDeclaredField(String name)

返回一个 Field 对象，该对象反映此 Class 对象所表示的类或接口的指定已声明字段。

示例：

```
//获取指定名字在该类中定义的字段
Field=class.getDeclaredField("age");
```

➢ getDeclaredFields( )

返回 Field 对象的一个数组，这些对象反映此 Class 对象所表示的类或接口所声明的所有字段。

示例：

```
//获取所有在该类中定义的字段
Field[] fields1 = class.getDeclaredFields();
```

2. 获取 Class 的构造器

➢ public Constructor<T> getConstructor(Class<?>... parameterTypes)

获取此 Class 对象所表示的类的指定 public 构造方法。

示例：

```
//得到被 public 修饰且带有 String 参数类型的构造器
Constructor constructor = class.getConstructor(String.class);
```

➢ public Constructor<T> getDeclaredConstructor(Class<?>... parameterTypes)

获取此 Class 对象所表示的类的指定构造方法，private, protected, public 等都可以。

示例：

```
//得到在该类中声明的且带有 String 参数类型的构造器
Constructor constructor1 = class.getDeclaredConstructor(String.class);
```

➢ public Constructor<?>[ ] getConstructors( )

获取此 Class 对象所表示的类的所有 public 构造方法。

示例：

```
//得到被 public 修饰的所有构造器
Constructor[] constructors = class.getConstructors();
```

➢ public Constructor<?>[ ] getDeclaredConstructors( )

获取此 Class 对象所表示的类的所有构造方法。

示例：

```
//得到被 public 修饰的所有构造器
Constructor[] constructors1 = class.getDeclaredConstructors();
```

3. 获取 Class 中的方法

➢ public Method getMethod(String name, Class<?>... parameterTypes)

获取此 Class 对象所表示的类或接口的指定 public 成员方法。

示例：

```
//获取指定名字和参数的公共方法
Method setNameMethod = class.getMethod("setName", String.class);
```

➢ public Method getDeclaredMethod(String name, Class<?>... parameterTypes)

获取此 Class 对象所表示的类或接口的指定成员方法，private，protected，public 等都可以。

示例：

```
//获取所有的方法
Method method = class.getDeclaredMethods("setId", String.class);
```

➢ public Method[ ] getMethods()

获取此 Class 对象所表示的类的所有 public 成员方法，包括从父类继承的 public 成员方法。

示例：

```
//获取所有的公共方法
Method[] methods = class.getMethods();
```

➢ public Method[] getDeclaredMethods( )

获取此 Class 对象所表示的类的所有成员方法，不包括从父类继承的成员方法。

示例：

```
//获取所有的方法
methods = class.getDeclaredMethods();
```

2.4 注解的应用

2.4.1 Annotation 概念

Annotation 注解相当于一种标记，在程序中加了注解就等于为程序打上了某种标记。Javac 编译器、开发工具和其他程序可以用反射来了解类及各种元素上的标记情况。Annotation 可以标记在包、类、字段、方法、方法的参数以及局部变量上。Annotation 是代码里的特殊标记，不能改变程序的运行结果，也不会影响程序运行的性能，这些标记可以在编译、类加载、运行时被读取，并执行相应的处理。通过使用 Annotation，可以在编译时给用户提示或警告，有的注解可以在运行时读写字节码文件信息。代码分析工具、开发工具和部署工具可以通过这些补充信息进行验证或者进行部署。

Annotation 提供了一条为程序元素设置元数据的方法，从某些方面来看，Annotation 就像修饰符一样被使用，可用于修饰包、类、构造器、方法、成员变量、参数、局部变量的声明，这些信息被存储在 Annotation 的 name=value 对中。

Annotation 能被用来为程序元素（类、方法、成员变量等）设置元数据。值得指出的是：Annotation 不能影响程序代码的执行，无论增加、删除 Annotation，代码都始终如一地执行。如果希望让程序中的 Annotation 能在运行时起一定的作用，只有通过某种配套的工具对 Annotation 中的信息进行访问、处理，访问和处理 Annotation 的工具统称为 APT（Annotation Processing Tool）。

2.4.2 Annotation 分类

1. 基本的 Annotation

包括 Override, Deprecated, SuppressWarnings，基本的 Annotation 是指 Java 自带的几个 Annotation，上面 3 个分别表示重写函数，忽略某项 Warning。

2. 自定义 Annotation

自定义 Annotation 表示自己根据需要定义的 Annotation，定义时需要用到上面的元 Annotation，这里只是一种分类而已，也可以根据作用域分为源码时、编译时、运行时 Annotation。

3. 元 Annotation

元 Annotation 是指用来定义 Annotation 的 Annotation，有@Retention, @Target, @Inherited, @Documented。

@Documented 是否会保存到 Javadoc 文档中。

@Retention 保留时间，可选值有 SOURCE（源码时）、CLASS（编译时）、RUNTIME（运行时），默认为 CLASS，SOURCE 值大都为 Mark Annotation，这类 Annotation 大都用来校验，比如 Override, Deprecated, SuppressWarnings。

@Target 可以用来修饰某些程序元素，如 TYPE, METHOD, CONSTRUCTOR, FIELD, PARAMETER 等，未标注则表示可修饰所有。

@Inherited 是否可以被继承，默认为 false。

2.4.3 基本的 Annotation

Annotation 必须使用工具来处理，工具负责提取 Annotation 里包含的元数据，工具还会根据这些元数据增加额外的功能。在系统学习新的 Annotation 语法之前，先看一下 Java 提供的 3 个基本 Annotation 的用法：使用 Annotation 时要在其前面增加@符号，并把该 Annotation 当成一个修饰符使用，用于修饰它支持的程序元素。

3 个基本的 Annotation 如下：

@Override 限定重写父类的方法

@Deprecated 标示已过时

@SuppressWarnings 抑制编译器警告

下面列出 Annotation 的几种用法：

```
/*
* 标记方法过时，简单说：让编辑器在方法名字上加上中画线
*/
@Deprecated
public void div(){}

/*
* 标记方法是实现父类型或接口中的方法，简单说：如果父类/接口中没有该方法，编辑器会
  提示错误
*/
@Override
```

```
public String toString() {
return super.toString();
}
}
```

【案例 2.4】Annoatation 的应用。

```
import java.util.ArrayList;
import java.util.List;

/**
 * 动物类
 */
@SuppressWarnings("unchecked") //压制警告
public class Animal {
    List<String> list = new ArrayList<String>();

    /**
     * 动物吃的方法
     */
    public void eat(){
        System.out.println("animal eat method");
    }
}

/**
 * 狗类
 */
class Dog extends Animal{
    /**
     * 规定狗吃的方法继承自动物，就加上该@Override 注解
     */
    @Override
    public void eat(){
        System.out.println("dog eat method");
    }

    /**
     * 定义标识该方法已过期，以后不建议使用该方法
     */
    @Deprecated
    public  void go(){

    }
}
```

2.4.4　自定义 Annotation

定义新的 Annotation 类型使用@interface 关键字，它用于定义新的 Annotation 类型。定义一个新的 Annotation 类型与定义一个接口非常像，如下代码可定义一个简单的 Annotation。

```
public @interface Login {
}
```

定义了该Annotation之后，就可以在程序任何地方来使用该Annotation，使用Annotation时的语法非常类似于 public、final 这样的修饰符。通常可用于修饰程序中的类、方法、变量、接口等定义。通常我们会把 Annotation 放在所有修饰符之前，而且由于使用 Annotation 时可能还需要为其成员变量指定值，因而 Annotation 长度可能比较长，所以通常把 Annotation 另放一行，程序如下。

```
/**
 * 定义一个Annotation
 */
public @interface LoginA {

}

class LoginTest1{
    /**
     * 使用Annotation
     */
    @LoginA
    public void login(){

    }
}
```

Annotation 不只是这种简单的 Annotation，还可以带成员变量，Annotation 的成员变量在 Annotation 定义中以无参数方法的形式声明。其方法名和返回值定义了该成员的名字和类型。如下代码可以定义一个有成员变量的 Annotation。

```
/**
 * 定义一个注解
 */
public @interface LoginB{
    //定义两个成员变量
    String username();
    String password();
}
```

一旦在 Annotation 里定义了成员变量，使用该 Annotation 时应该为该 Annotation 的成

员变量指定值，代码如下。

```
/**
 * 定义一个注解
 */
public @interface LoginC {
    //定义两个成员变量
    String username();
    String password();
}

class LoginTest2{
    /**
     * 使用注解
     */
    @LoginC(username="lisi", password="111111")
    public void login(){

    }
}
```

2.4.5 JDK 的元 Annotation

JDK 的元 Annotation 是指除 java.lang 下提供的 3 个基本 Annotation 之外，还在 java.lang.annotation 包下提供了 4 个 Meta Annotation，这 4 个 Annotation 都用于修饰其他 Annotation 定义。

1. @Retention

Retention 翻译成中文为保留，可以理解为如何保留，即告诉编译程序如何处理，也可理解为注解类的生命周期。

RetentionPolicy.RUNTIME：注解保留在程序运行期间。

RetentionPolicy.SOURCE：注解只保留在源文件中。

RetentionPolicy.CLASS：注解保留在 class 文件中，在加载到 JVM 虚拟机时丢弃。

例如：

```
@Retention(RetentionPolicy.RUNTIME)
public @interface MyAnno {
}
import cn.itsource.www.annotation.MyAnno;
@MyAnno
public class AnnotationDemo {}
```

2. @Target

Target 翻译中文为“目标”，即该注解可以声明在哪些目标元素之前，也可理解为注释类型的程序元素的种类。@Target 同样用于修饰一个 Annotation 定义，它用于指定被修饰的 Annotation 能用来修饰哪些程序元素。@Target Annotation 也包含一个名为 value 的成员变量，该成员变量只能是如下几个。

ElementType.LOCAL_VARIABLE：指定该策略的 Annotation 只能修饰局部变量。

ElementType.PARAMETER：指定该策略的 Annotation 可以修饰参数。

ElementType.ANNOTATION_TYPE：指定该策略的 Annotation 只能修饰 Annotation。

ElementType.PACKAGE：指定该策略的 Annotation 只能修饰包定义。

ElementType.CONSTRUCTOR：指定该策略的 Annotation 只能修饰构造器。

ElementType.FIELD：指定该策略的 Annotation 只能修饰成员变量。

ElementType.METHOD：指定该策略的 Annotation 只能修饰方法。

ElementType.TYPE：指定该策略的 Annotation 可以修饰类、接口（包括注释类型）或枚举定义。

3. @Documented

@Documented 用于指定该元 Annotation 修饰的 Annotation 类将被 javadoc 工具提取成文档，如果定义 Annotation 类时使用了@Documented 修饰，则所有使用该 Annotation 修饰的程序元素的 API 文档中将会包含该 Annotation 说明。

4. @Inherited

@Inherited 元 Annotation 指定被它修饰的 Annotation 将具有继承性：如果某个类使用了 A Annotation（定义该 Annotation 时使用了@Inherited 修饰）修饰，则其子类将自动具有 A 注释。

【案例 2.5】元注解的应用。

```
@Retention(RetentionPolicy.RUNTIME)
@Target(ElementType.FIELD)  //定义作用在字段上
@Documented
@interface ActionListenerAnno {
    //该 listener 成员变量用于保存监听器实现类
    Class<? extends ActionListener> listener();
}

public class TestListener {
    JFrame jf = new JFrame("测试");
    @ActionListenerAnno(listener=OkListener.class)
    private JButton ok = new JButton("确认");
    @ActionListenerAnno(listener=CancelListener.class)
    private JButton cancel = new JButton("取消");
    public void init() throws IllegalArgumentException, IllegalAccess
    Exception, InstantiationException{
        JPanel jp = new JPanel();
        jp.add(ok);
```

```
        jp.add(cancel);
        jf.add(jp);
        ButtonActionListener.process(this);
        jf.setDefaultCloseOperation(JFrame.EXIT_ON_CLOSE);
        jf.pack();
        jf.setLocationRelativeTo(null);
        jf.setVisible(true);
    }
    public static void main(String[] args) throws IllegalArgument
    Exception, IllegalAccessException, InstantiationException {
        new TestListener().init();
    }
}

class OkListener implements ActionListener{
    @Override
    public void actionPerformed(ActionEvent e) {
        System.out.println("确认按钮被单击");
        JOptionPane.showMessageDialog(null, "确认按钮被单击");
    }
}

class CancelListener implements ActionListener{
    @Override
    public void actionPerformed(ActionEvent e) {
        System.out.println("取消按钮被单击");
        JOptionPane.showMessageDialog(null, "取消按钮被单击");
    }

}

class ButtonActionListener{
    public static void process(Object obj) throws IllegalArgument
    Exception, IllegalAccessException, InstantiationException{
        Class<? extends Object> clazz = obj.getClass();
        Field[] fields = clazz.getDeclaredFields();
        for(Field f : fields){
            //将指定Field设置成可自由访问的，避免private的Field不能访问
            f.setAccessible(true);
            //获取指定Field的ActionListenerAnno类型的注解
            ActionListenerAnno a = f.getAnnotation(ActionListenerAnno.
            class);
            // 获取成员变量f的值
            Object fObj = f.get(obj);
            if(a != null && fObj instance of AbstractButton){
                // 获取a注解里的listener元数据（它是一个监听器类）
```

```
                Class<? extends ActionListener> listenerClazz =
                a.listener();
                // 使用反射来创建 listener 类的对象
                ActionListener al = listenerClazz.newInstance();
                AbstractButton ab = (AbstractButton)fObj;
                // 为 ab 按钮添加事件监听器
                ab.addActionListener(al);
            }
        }
    }
}
```

2.5 泛型的应用

2.5.1　泛型概念

泛型，就是允许在定义类、接口的时候指定类型形参，这个类型形参将在声明变量、创建对象时确定，即传入实际的类型参数，也称类型实参，这实际上就是将数据类型参数化。泛型可以用来定义泛型类、泛型方法和泛型接口。Java 泛型的参数只可以代表类，不能代表个别对象。由于 Java 泛型的类型参数的实际类型在编译时会被消除，所以无法在运行时得知其类型参数的类型。Java 编译器在编译泛型时会自动加入类型转换的编码，故运行速度不会因为使用泛型而加快。

Java 泛型

泛型提供了类型参数（type parameters），类型参数用尖括号加任意字母表示：<T>。字母一般为单个大写字母，并有一定含义，例如 T(type), E(element), K(key), V(value) 等。

例如：

List<E>中的 E 称为类型参数变量；

List<Integer>中的 Integer 称为实际类型参数；

List<E>称为泛型类型。

【案例 2.6】购物中心代码中泛型的应用。

```
public class ProductDaoImpl implements IProductDao {

    @Override
    public List<Product> queryProduct(String keyword) {
        Connection conn = null;
        PreparedStatement sm = null;
        ResultSet rs = null;
        List<Product> proList = new ArrayList< >();
        String sql = "select * from t_product where productName
        like ?";
```

```
    …
    }
}
```

2.5.2 泛型方法

将泛型参数列表置于返回值前。如:

```
public class Example {
        public <T> void  f(int x) {
                System.out.println(x);
    }
}
```

使用泛型方法时，不必指明参数类型，编译器会自己找出具体的类型。

【案例 2.7】 购物中心代码中泛型方法的应用。

```
public class BuyCart {
    private List<BuyCartItem> items = new ArrayList< >( );

    public List<BuyCartItem> getItems( ) {  //泛型方法
        return items;
    }

    public void setItems(List<BuyCartItem> items) {
        this.items = items;
    }
```

2.5.3 泛型中的通配符

使用“?”通配符可以引用其他各种参数化的类型，“?”通配符定义的变量主要用作引用，可以调用与参数化无关的方法，不能调用与参数化有关的方法。

示例:

```
public  void  myCollection(Collection<?> cols) {
      for(Object obj:cols) {
          System.out.println(obj);
      }
}
```

其中，Collection<?> cols 是指集合元素可以是任意类型。

2.5.4 自定义泛型类

当定义一个类的时候，如果该类中的操作功能（方法）不确定将来对哪种数据类型操作，那么先预留出这个类型参数，在真正使用该类的对象时再为其指定具体的类型。

示例：

```
class Teacher{}
class Worker{}
```

【案例 2.8】泛型 Generic DAO 的定义。

```
class GenericDAO<T>{
public void save(T t){}
public void remove(T t){}
public T get(T t){return t;}
public void update(T t){}
}
```

使用泛型 DAO：

```
GenericDAO<Teacher> teacherDAO = new GenericDAO<Teacher>();
teacherDAO.update(new Teacher());
```

子类也可以为泛型：

```
class SubGenericDAO<T> extends GenericDAO<T>{
public void div(T t){
//子类实现额外的业务逻辑，但仍保持泛型使用
}
}
```

子类为具体类型：

```
class WorkerDAO extends GenericDAO<Worker>{
public void div(Worker worker){
//子类实现额外的业务逻辑，但是这个时候该 DAO 也只能提供给 Worker 类实现
}
}
```

【项目总结】

购物网站项目的多个功能模块使用到了 Java 的高级应用：在登录模块中利用注解，对父类的方法进行重写；在商品管理中，采用泛型来存取数据库中的商品信息；在购物车中利用泛型来存储下订单的产品和用户的信息；在购物中利用增强循环进行数据的查询。本项目的学习为后面各个功能模块的实现奠定了理论基础。

【项目拓展】

1．创建一个 Person 类，属性有 name, sex，定义该类的构造函数，定义 getName(), setName(), getAge(), setAge(int age), toString()等方法。创建一个 ReflectTest 类，利用 java 反射的方法获取 Person 类的属性、方法和构造函数并将信息输出。

2．创建一个名为 MyList 的泛型类，并完成 set( ), get( )方法。创建一个测试类 ListTest，在类中定义 MyList 泛型的对象，设置泛型的信息，并输出泛型的信息。

项 目 3

购物中心项目之 HTTP

【项目概述】

Java Web 项目运行离不开网络，在四川工商职业购物中心项目的项目 1 中，我们学习了如何配置服务器，如何部署项目，也知道了项目资源实际上是放置在 Tomcat 服务器（也就是 Web 服务器）上的。客户端访问资源如果是本机，只需要在地址栏输入 http://localhost 或 http://localhost/login.jsp 即可看到图 3.1 所示的首页。如果 Web 服务器不在本机，那么把 localhost 改为远程服务器地址即可。地址栏输入的 HTTP 就是网络协议。

通过对 HTTP 的学习，我们可以更好地掌握 Web 开发，管理和维护一些复杂的 Web 站点，可以为我们开发项目打下牢固的基础。

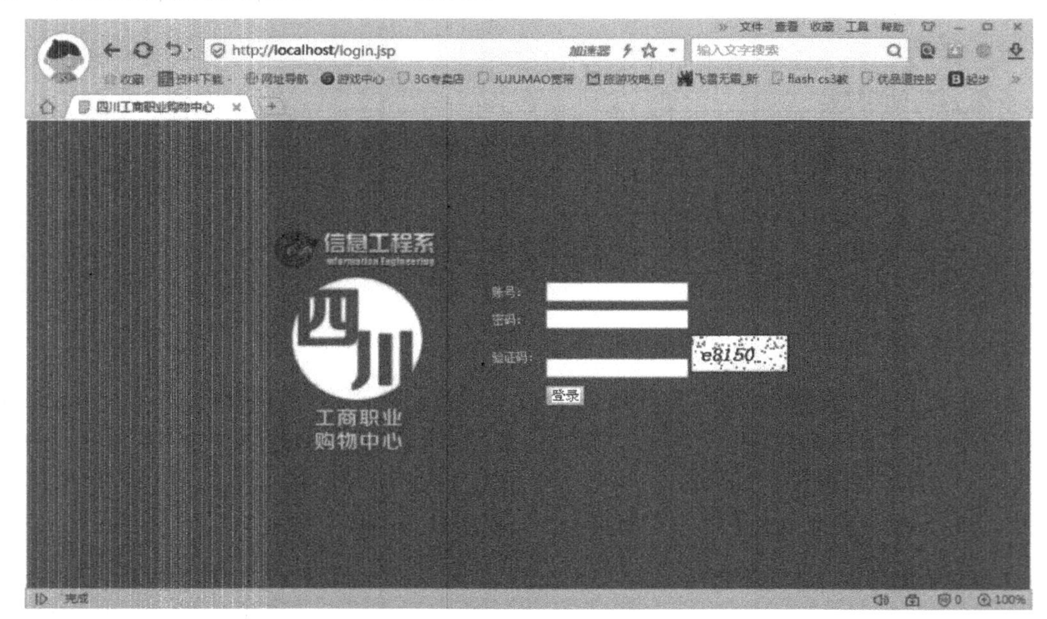

图 3.1　四川工商职业购物中心首页

【知识目标】

本项目中，我们将学习 HTTP、HTTP 信息头、消息结构、HTTP 常用信息头和状态码。

3.1 HTTP

HTTP，英文全称 Hyper Text Transfer Protocol（超文本传输协议），它是 TCP/IP 的一个应用层协议，用于定义 Web 浏览器（客户端）与 Web 服务器（Tomcat 服务器）之间交换数据的过程。当 Web 客户端和 Web 服务器端连接后，客户端如果要获得 Web 服务器中的某一个 Web 资源，必须遵守相应的通信格式，即 HTTP。也就是说，HTTP 是用于定义 Web 客户端与 Web 服务器端通信的格式（规定客户端和服务器如何进行交互）。

HTTP 自诞生以来，经历了 HTTP 0.9，HTTP 1.0 和 HTTP 1.1，目前 HTTP 0.9 已过时。我们从表 3.1 中可以看出 HTTP 1.0 和 HTTP 1.1 的区别。

表 3.1 HTTP 1.0 和 HTTP 1.1 的区别

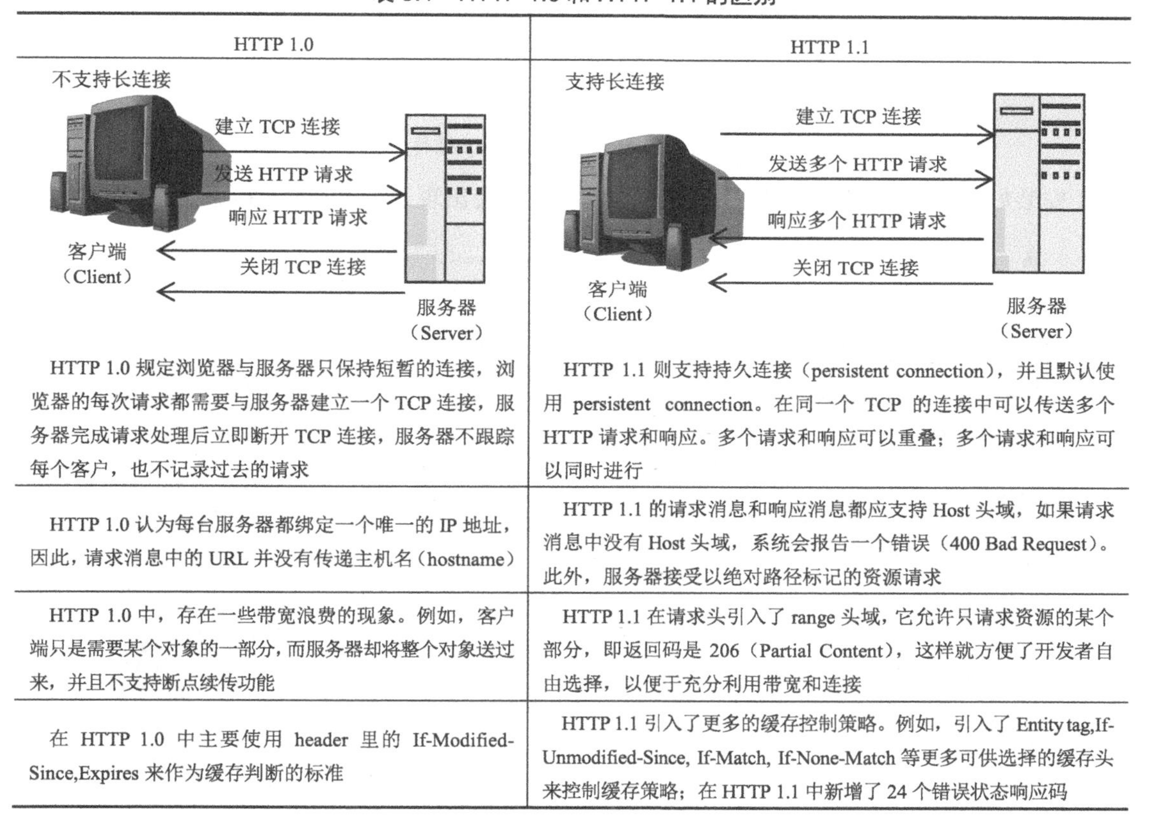

HTTP 1.0	HTTP 1.1
不支持长连接 建立 TCP 连接 发送 HTTP 请求 响应 HTTP 请求 关闭 TCP 连接 客户端（Client） 服务器（Server）	支持长连接 建立 TCP 连接 发送多个 HTTP 请求 响应多个 HTTP 请求 关闭 TCP 连接 客户端（Client） 服务器（Server）
HTTP 1.0 规定浏览器与服务器只保持短暂的连接，浏览器的每次请求都需要与服务器建立一个 TCP 连接，服务器完成请求处理后立即断开 TCP 连接，服务器不跟踪每个客户，也不记录过去的请求	HTTP 1.1 则支持持久连接（persistent connection），并且默认使用 persistent connection。在同一个 TCP 的连接中可以传送多个 HTTP 请求和响应。多个请求和响应可以重叠；多个请求和响应可以同时进行
HTTP 1.0 认为每台服务器都绑定一个唯一的 IP 地址，因此，请求消息中的 URL 并没有传递主机名（hostname）	HTTP 1.1 的请求消息和响应消息都应支持 Host 头域，如果请求消息中没有 Host 头域，系统会报告一个错误（400 Bad Request）。此外，服务器接受以绝对路径标记的资源请求
HTTP 1.0 中，存在一些带宽浪费的现象。例如，客户端只是需要某个对象的一部分，而服务器却将整个对象送过来，并且不支持断点续传功能	HTTP 1.1 在请求头引入了 range 头域，它允许只请求资源的某个部分，即返回码是 206（Partial Content），这样就方便了开发者自由选择，以便于充分利用带宽和连接
在 HTTP 1.0 中主要使用 header 里的 If-Modified-Since,Expires 来作为缓存判断的标准	HTTP 1.1 引入了更多的缓存控制策略。例如，引入了 Entity tag,If-Unmodified-Since, If-Match, If-None-Match 等更多可供选择的缓存头来控制缓存策略；在 HTTP 1.1 中新增了 24 个错误状态响应码

3.1.1 查看 HTTP 消息头

当客户端在浏览器中访问某个 URL 地址、单击网页的某个超链接或者提交网页上的 form 表单时，客户端都会向服务器发送请求数据，即 HTTP 请求消息。服务器接收到请求数据后，会将处理后的数据回送给客户端，即 HTTP 响应消息。在 HTTP 的这些消息中，除了服务器端的响应实体内容（比如 HTML 网页、图片等）以外，其他信息对用户是不可见的。为了能更好地观察这些不可见信息，我们将借助一些网络工具（HTTPWatch, Firebug 等）。本项目中我们将介绍使用 Firefox 浏览器的 Firebug 插件（它是 Firefox 的一个扩展插件），打开 Firefox 浏览器，如图 3.2 所示，在主菜单中打开附加组件，搜索 Firebug，按照提示进行安装。

图 3.2　Firefox 中的 firebug 插件

安装好 Firebug 插件后，图 3.3 所示的工具栏中会出现一个 Firebug 标志。

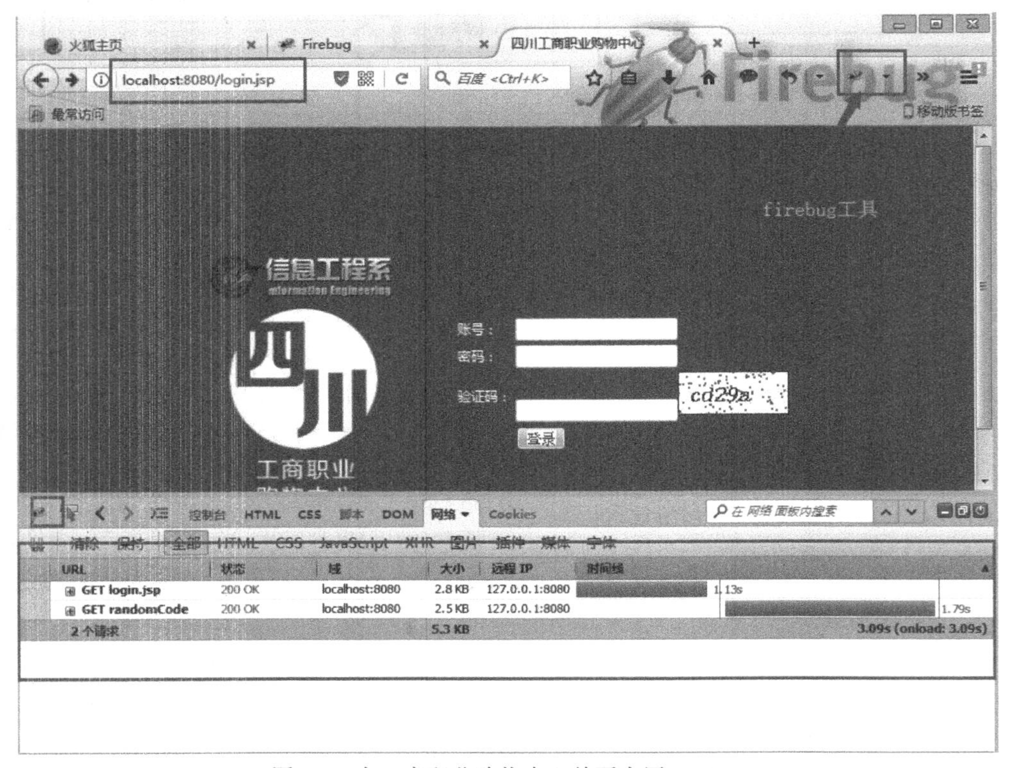

图 3.3　在工商职业购物中心首页启用 Firebug

因 Firefox 经常升级更新，若遇 Firebug 升级替换，则无法找到图 3.3 中的标志，我们可以通过 Ctrl+Shift+C 组合键调出 Firebug 窗口。在此方式下，请求 URL 的所有资源文件都会显示出来，内容更丰富，如图 3.4 所示。

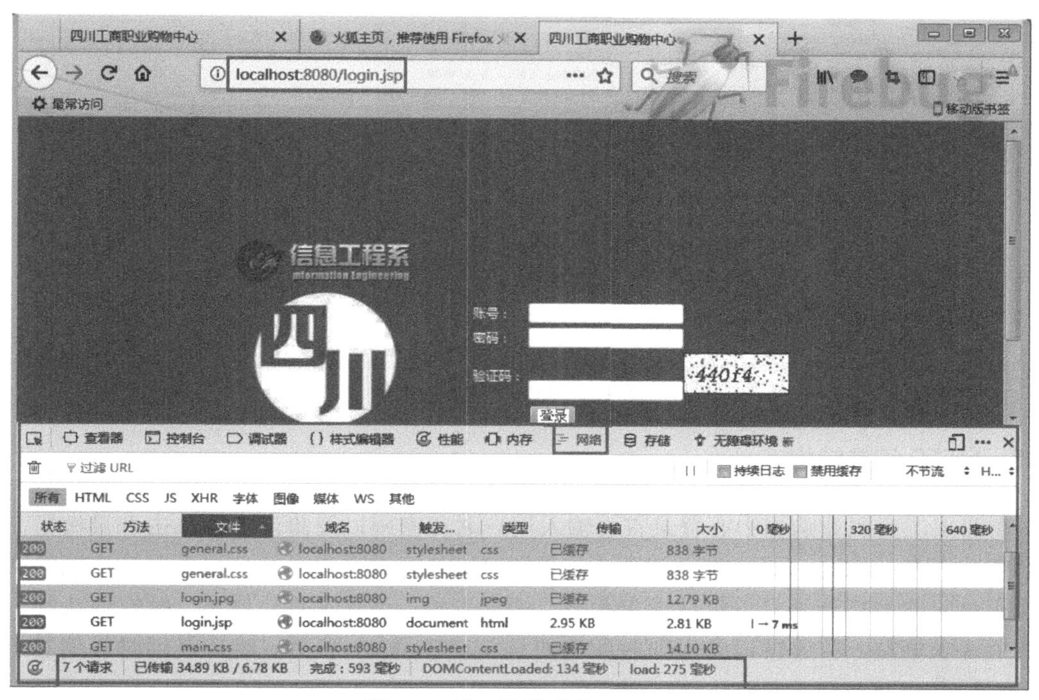

图 3.4　另一种形式的 Firebug

用 Chrome 浏览器也可以查看 HTTP 消息头。安装好 Chrome 浏览器后，在网站页面单击鼠标右键，在弹出的级联菜单中选择检查，也可以使用 Ctrl+Shift+I 组合键进行查看。

3.1.2　体验 HTTP

在安装了 Firebug 插件的 Firefox 浏览器中输入（http://localhost/login.jsp 后，可在浏览器下方出现的 Firebug 窗口中看到请求资源数量和详细信息，见图 3.3 和图 3.4。在图 3.3 中可以看见请求资源一个是 login.jsp 文件，另外还可以看见登录首页的随机码（因项目中的随机码是一个随机图片，所以服务器认为是一个 URL 对象）。单击 URL 下方请求资源的加号可以看到具体的 HTTP 消息。在图 3.4 中可见请求资源还包括了所有的 CSS 样式表等 7 个资源，单击某个资源，可以调出单独显示的详细 HTTP 消息窗口，即开发者工具窗口，如图 3.5 所示。本项目查看的 HTTP 消息均采用此开发者工具窗口。由于计算机技术日新月异，Firefox 等浏览器也在不断更新，若没有找到可安装的 Firebug 插件，可直接用 Ctrl+Shift+C 组合键快速调出开发者工具窗口，查看相应的 HTTP 信息等。

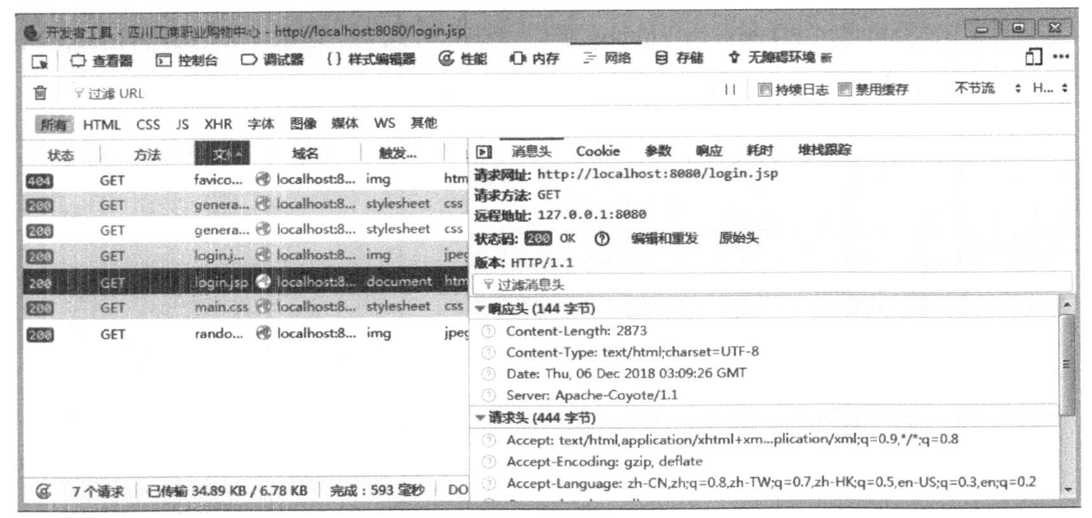

图 3.5　HTTP 消息窗口

3.1.3　HTTP 消息结构

在四川工商职业购物中心登录首页输入用户名和密码以及验证码，单击登录按钮，跳转到商品列表 product 页面。在此过程中，我们可以从开发者工具窗口界面看到资源的请求过程和对应的 HTTP 消息，包括请求状态、请求方法、请求文件、域名、触发源头等。单击某个请求资源，右边窗口会出现对应的消息头、Cookie、参数、响应及耗时等信息，如图 3.6 所示。

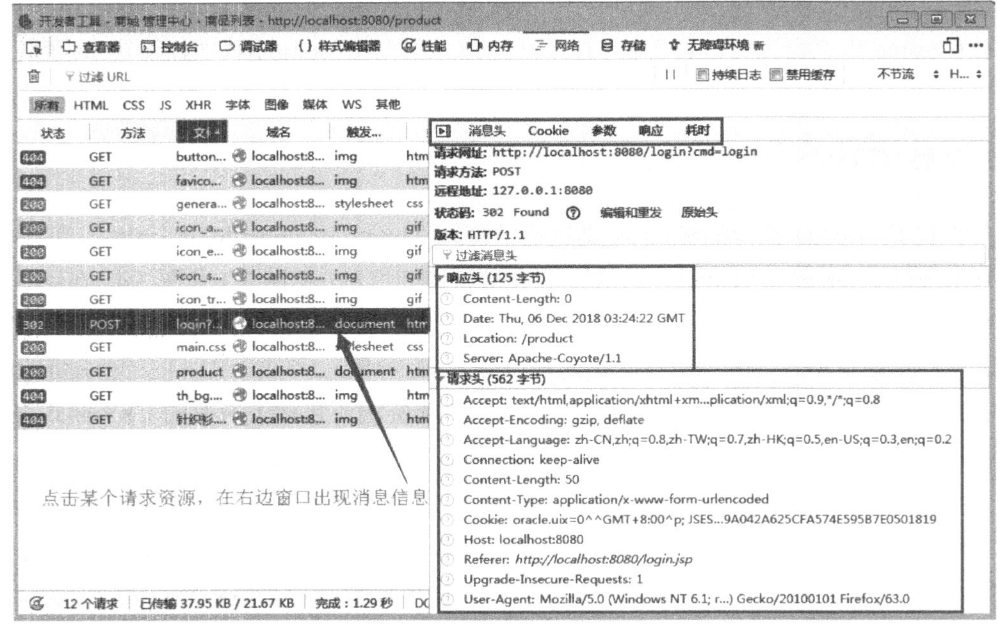

图 3.6　请求商品列表页面的 HTTP 信息

在图 3.6 中可以看出，HTTP 资源请求的方法有 GET 和 POST。实际上，在 HTTP 请求消息中，请求方式除了 GET 和 POST 外，还有 HEAD, PUT, OPTIONS, DELETE, TRACE 和 CONNECT 等。表 3.2 所示为 8 种请求方式的不同含义。

表 3.2　HTTP 的 8 种请求方式

请求方式	含义
GET	向特定的资源发出请求。GET 请求的本质就是向服务器发送一个请求来取得其上的某个资源。该资源通过一组 HTTP 头和数据（如 HTML 文本、图片、视频等）返回给客户端。GET 请求中，永远不会包含这些数据
POST	向服务器中指定资源提交数据，并向服务器进行处理请求（如提交表单或上传文件等）。请求体中包含数据，因此新的资源可能会建立，已有资源也有可能被修改
HEAD	请求获取由 URL 所标识资源的响应消息头
PUT	将网页放置到指定 URL 位置（上传/移动）
OPTIONS	请求查询服务器的性能，或者查询与资源相关的选项和需求
DELETE	请求服务器删除 URL 所标识的资源
TRACE	请求服务器回送收到的请求信息，主要用于测试或诊断
CONNECT	保留将来使用

上述的 8 种请求方式中，最常用的是 GET 和 POST 方式。

【案例 3.1】在四川工商职业购物中心项目中，在登录页面输入用户名、密码和验证码后单击登录按钮，跳转到商品列表页面，可以看到图 3.6 所示的请求方式为 POST。

在登录页面的源码 login.jsp 中，我们看到表单的提交方式为 POST，如图 3.7 所示。

图 3.7　login.jsp 部分源码

当网页上表单的 method 属性设置为 POST 时，用户提交表单，浏览器将使用 POST 方式提交表单内容，并把各个表单元素及数据作为 HTTP 消息的实体内容发送给服务器，而不是作为 URL 地址的参数传递给服务器。另外，在使用 POST 方式向服务器传递数据时，Content-Type 消息头会自动设置为 application/x-www-form-urlencoded, Content-Length 消息头会自动设置为实体内容的长度，如图 3.8 所示。在图 3.8 中，参数部分显示为登录的用户名、密码等信息。

```
消息头  Cookie  参数  响应  耗时
请求网址: http://localhost:8080/login?cmd=login
请求方法: POST
远程地址: 127.0.0.1:8080
状态码: 302 Found  编辑和重发  原始头
版本: HTTP/1.1
过滤消息头
▼响应头 (125 字节)
  Content-Length: 0
  Date: Thu, 06 Dec 2018 03:24:22 GMT
  Location: /product
  Server: Apache-Coyote/1.1
▼请求头 (562 字节)
  Accept: text/html,application/xhtml+xm...plication/xml;q=0.9,*/*;q=0.8
  Accept-Encoding: gzip, deflate
  Accept-Language: zh-CN,zh;q=0.8,zh-TW;q=0.7,zh-HK;q=0.5,en-US;q=0.3,en;q=0.2
  Connection: keep-alive
  Content-Length: 50
  Content-Type: application/x-www-form-urlencoded
  Cookie: oracle.uix=0^^GMT+8:00^p; JSES...9A042A625CFA574E595B7E0501819
  Host: localhost:8080
  Referer: http://localhost:8080/login.jsp
  Upgrade-Insecure-Requests: 1
  User-Agent: Mozilla/5.0 (Windows NT 6.1; r...) Gecko/20100101 Firefox/63.0
```

图 3.8　请求方式 POST

为了观察请求方式 GET 的不同。我们在项目中添加一个测试 GET 页面。

【案例 3.2】测试页面的代码。

```
<title>测试 Http 协议章节的 Get 请求</title>
</head>
<body>
<form action="" method="get">
name: <input type="text" name="name" style="width=160px" /><p />
pswd: <input type="text" name="password" style="width=160px" /><p />
<input type="submit" value="提交">
</form>
</body>
```

打开这个测试页面，输入用户名和密码后，单击提交按钮，地址栏会出现参数用户名和密码，如图 3.9 所示。

图 3.9　Get 请求方式

由上所述，在实际开发中，通常会使用 POST 方式发送请求，主要原因如下。

（1）POST 传输数据大小无限制。GET 请求方式是通过参数传递数据的，最多可传递 1 KB 的数据；而 POST 请求方式通过实体内容传递数据，可传递数据的大小没有限制。

（2）POST 请求方式比 GET 更安全。在案例 3.1 和案例 3.2 中可以看到，POST 请求方式传递的参数隐藏在实体内容中，用户不可见；而 GET 请求方式传递的参数会在 URL 地址栏以明文显示。

3.2 HTTP 常用信息头和状态码

3.2.1 请求头

在 HTTP 请求消息中，请求行之后，便是若干请求消息头。请求消息头主要用于向服务器端传递附加消息，如客户端可以接收的数据类型、压缩方法、语言及发送请求的链接所属页面的 URL 地址等。

以四川工商职业购物中心登录页面为例，我们通过 Firefox 浏览器的开发者选项窗口可以看到浏览器请求登录页面时的请求消息，如图 3.10 所示。

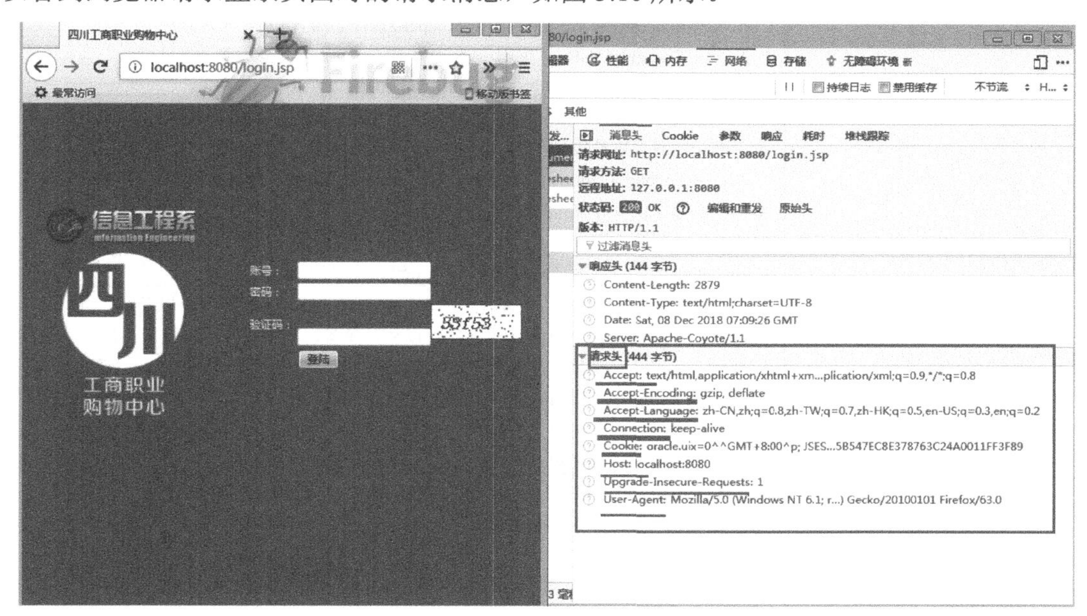

图 3.10　登录页面的请求消息头

从图 3.10 可以看出，每个请求消息头都由一个头字段名称和一个值构成，头字段名称和值之间用冒号和空格分隔；每个请求消息头之后使用一个回车换行符标志结束；字段名称不区分大小写；英文单词写法采用 Java 中标识符的写法；英文单词首字母大写。当浏览器发送请求给服务器时，根据功能需求不同，发送的请求消息头也不完全相同。表 3.3 所示为本项目登录页面的请求消息头字段。

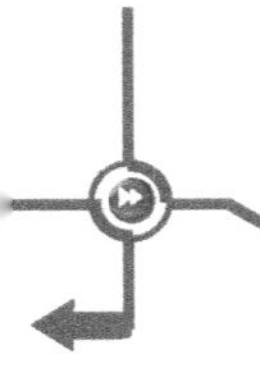

表 3.3　请求消息头字段分析

请求消息头字段	含义及登录页面请求消息头字段
Accept	Accept 请求头用来告知客户端可以处理的内容类型，这种内容类型用 MIME 类型来表示。服务器可以从诸多备选项中选择一项进行应用，并使用 Content-Type 应答头通知客户端它的选择。浏览器会基于请求的上下文来为这个请求头设置合适的值。 Accept: <MIME_type>/<MIME_subtype> 单一精确的 MIME 类型，例如，text/html 表明客户端希望接收 HTML 文本。 Accept: <MIME_type>/* 一类 MIME 类型，但是没有指明子类。image/* 可以用来指代 image/png, image/svg, image/gif 以及任何其他的图片类型。 Accept: */* 任意类型的 MIME 类型。;q= 值代表优先顺序，用相对质量价值表示，又称作权重。 注：本项目登录页面请求消息头如下（见图 3.10）： text/html,application/xhtml+xml…application/xml;q=0.9;*/*;q=0.8 请求头告知客户端可以处理为 HTML 文本、应用程序 XHTML、XML 形式的页面
Accept-Encoding	HTTP 请求头 Accept-Encoding 会将客户端能够理解的内容编码方式——通常是某种压缩算法——通知给客户端。通过内容协商的方式，服务端会选择一个客户端提议的方式，使用后在响应报文首部将该选择通知给客户端。 Accept-Encoding: gzip 表示采用 Lempel-Ziv coding (LZ77) 压缩算法，以及 32bit CRC 校验的编码方式。 Accept-Encoding: compress 采用 Lempel-Ziv-Welch (LZW) 压缩算法。 Accept-Encoding: deflate 采用 zlib 结构和 deflate 压缩算法。 Accept-Encoding: br 表示采用 Brotli 算法的编码方式。 Accept-Encoding: identity 用于指代自身（例如：未经过压缩和修改）。除非特别指明，这个标记始终可以被接受。 Accept-Encoding: *ontent-Encoding 匹配其他任意未在该首部字段中列出的编码方式。如果该首部字段不存在，则这个值是默认值。它并不代表可以支持任意算法，仅仅表示算法之间无优先次序。 注：本项目登录页面请求编码为 gzip, deflate 这两种编码压缩方法
Accept-Language	Accept-Language 请求头允许客户端声明它可以理解的自然语言，以及优先选择的区域方言。借助内容协商机制，服务器可以从诸多备选项中选择一项进行应用，并使用 Content-Language 应答头通知客户端它的选择。 Accept-Language: <language> 用含 2～3 个字符的字符串表示语言码。 注：本项目登录页面为 zh-CN,zh;q=0.8,zh-TW;q=0.7,zh-HK;q=0.5,en-US;q=0.3,en;q=0.2
Connection	Connection 头（header）决定当前的事务完成后，是否会关闭网络连接。如果该值是 keep-alive，网络连接就是持久的，不会关闭，对同一个服务器的请求可以继续在该连接上完成。 Connection: keep-alive 表明客户端想要保持该网络连接打开，HTTP/1.1 请求在默认情况下使用一个持久连接。 Connection: close 表明客户端或服务器想要关闭该网络连接，这是 HTTP/1.0 请求的默认值。 注：本项目为 keep-alive
Cookie	Cookie 是一个请求首部，其中含有先前由服务器通过 Set-Cookie 首部投放并存储到客户端的 HTTP cookies。这个首部可能会被完全移除，例如，在浏览器的隐私设置里面设置为禁用 cookie。 Cookie: <cookie-list> 系列的名称/值对，形式为 <cookie-name>=<cookie-value>。名称/值对之间用分号和空格 ('; ')隔开

续表

请求消息头字段	含义及登录页面请求消息头字段
Host	Host 请求头指明了服务器的域名（对于虚拟主机来说），以及（可选的）服务器监听的 TCP 端口号。如果没有给定端口号，会自动使用被请求服务的默认端口（比如请求一个 HTTP 的 URL 会自动使用 80 端口）。 HTTP/1.1 的所有请求报文中必须包含一个 Host 头字段。如果一个 HTTP/1.1 请求缺少 Host 头字段或者设置了超过一个的 Host 头字段，就会返回一个 400（Bad Request）状态码。 注：本项目部署在本机，故 Host 为本机 localhost，端口 8080
Upgrade-Insecure-Requests	Upgrade-Insecure-Requests 是一个请求首部，用来向服务器端发送信号，表示客户端优先选择加密及带有身份验证的响应，并且它可以成功处理 upgrade-insecure-requests CSP 指令。 Upgrade-Insecure-Requests: 1 客户端向服务器端发送信号，表示它支持 upgrade-insecure-requests 的升级机制 注：本项目客户端支持升级机制
User-Agent	User-Agent 首部包含了一个特征字符串，用来让网络协议的对端来识别发起请求的用户代理软件的应用类型、操作系统、软件开发商以及版本号。 注：本项目显示为运行的客户端操作系统和浏览器等信息

3.2.2　响应头

当服务器收到浏览器的请求后，会回送响应消息给客户端。响应头字段用于服务器在响应消息中向客户端传递附加信息，包括服务程序名、被请求资源需要的认证方式、被请求资源已移动到的新地址等信息。图 3.11 所示为四川工商职业购物中心商品列表页面的响应消息头字段。

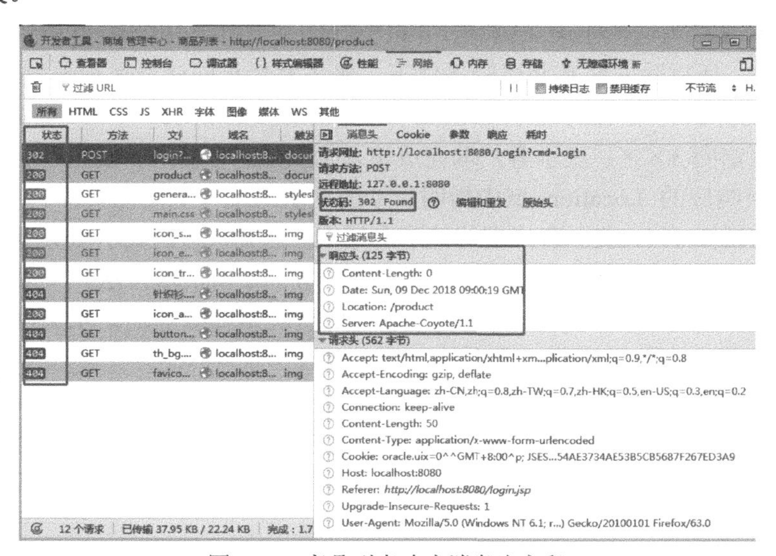

图 3.11　商品列表响应消息头字段

在图 3.11 中，响应头消息包括 Content-Length（响应实体长度）、Date（日期）、Location（响应资源地址）、Server（响应服务器）。在消息头下方和左边，有状态码，比如 302、200、400 等。下面我们对这些状态码进行具体分析。

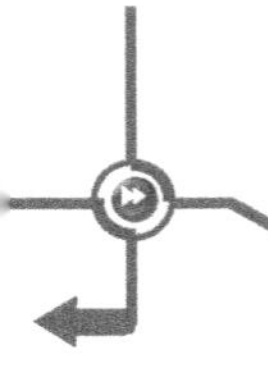

状态码由 3 位数字组成，表示请求是否被理解或被满足。HTTP 响应状态码的第一个数字定义了响应的类别，后面两位没有具体的分类，第一个数字有 5 种可能的取值，如图 3.12 所示。

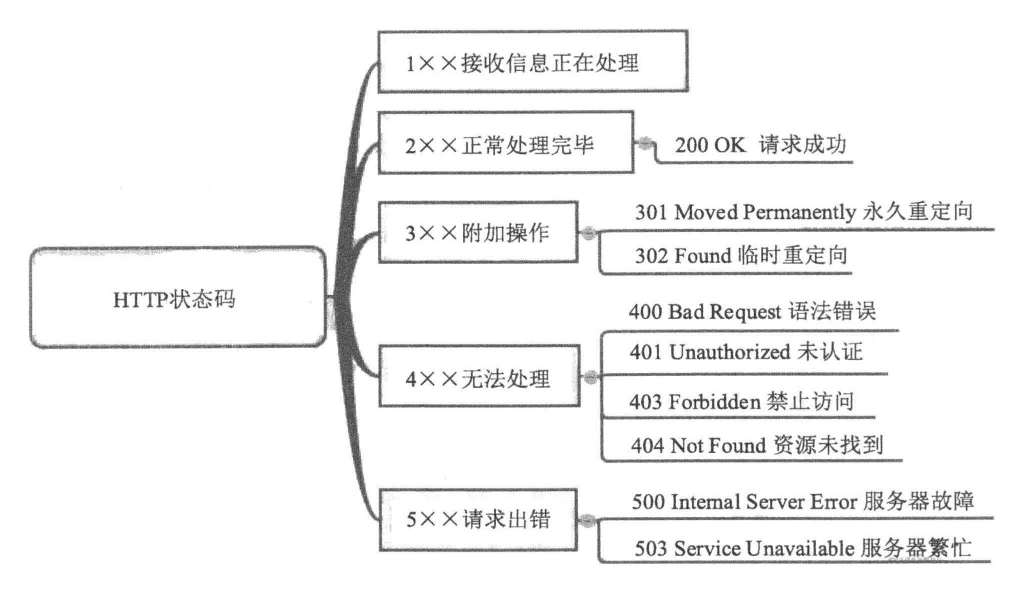

图 3.12 HTTP 响应状态码

具体说明如下。

（1）回应消息 1××：表示服务器已接收请求，需要继续处理。这类响应是临时响应，只包含状态行和某些可选的响应头信息，并以空行结束。由于 HTTP 1.0 协议中没有定义任何 1××状态码，所以除非在某些试验条件下，服务器禁止向此类客户端发送 1××响应。

（2）请求成功 2××：表示服务器已成功理解并接受该请求。

（3）请求重定向 3××：表示客户端完成请求需要进一步操作。通常，这些状态码用来重定向，在本次响应的 Location 域中指明后续的请求地址（重定向目标）。

（4）请求错误 4××：表示客户端的请求有错误。这类状态码表示服务器的处理受到了阻碍，原因在于客户端的请求错误。这类状态码适用于任何请求方法。一般来说，服务器就返回一个解释当前错误状况的实体，并且表明此状况是临时的还是永久性的。浏览器端向用户显示任何包含在此类错误响应中的实体内容。

（5）服务器错误 5××：表示服务器端错误。这类状态码表示服务器在处理请求的过程中有错误或异常状态发生，或当前的软硬件资源服务器无法完成对请求的处理。服务器返回包含一个解释当前错误状态的解释信息实体，并且表明此状况是临时的还是永久的。浏览器端向用户展示任何在当前响应中被包含的实体。

HTTP 的状态码很多，此处不再一一列举，需要的时候读者可以自行查阅相关资料。

3.2.3 其他头字段和扩展头

在 HTTP 消息中，有些头字段既适用于请求消息也适用于响应消息，这样的字段被称为通用头子段。通用头子段有如下几种：如何使用已缓存页面（Cache-Control）、连接状态（Connection）、消息产生的当前时间（Date）、实体内容部分后放置头字段（Trailer）、实体内容的传输编码方式（Transfer-Encoding）、指定客户端切换新的通信协议（Upgrade）、HTTP 消息途经代理服务器所使用的协议和主机名称（Via）、附加警告信息（Warning）。

请求消息和响应消息都可以传递实体信息，实体信息包括实体头字段和实体内容。实体头字段是实体内容的元信息，描述了实体内容的属性。例如，实体内容的类型（Content-Type）、实体内容的长度（Content-Length）、实体内容的实际位置（Content-Location）、压缩方法（Content-Encoding）、最后的修改时间（Last-Modified）、数据的有效期（Expires）等。

本节不对这些通用头字段和实体头字段做详细介绍。

在 HTTP 消息中，用户可以使用一些自定义的 HTTP 头或扩展头，此类 HTTP 头或扩展头在 HTTP 1.1 正式规范里没有定义，它们通常被当作一种实体头处理。

【案例 3.3】Refresh 头字段。

```
Refresh:5;url=http://www.sctbc.net
```

设置 Refresh 为自动刷新，5s 后转向 www.sctbc.net。

【项目总结】

本项目介绍了项目开发运行中重要的基础部分——HTTP，及如何查看 HTTP 消息头和响应头等。学习此部分有助于我们在实际项目开发中查看服务器端和客户端的消息通信，有助于进行项目调试。

【项目拓展】

1．上网查看 HTTP 请求和响应消息的几种方式，并操作体验。

2．请选择一种查看 HTTP 消息的方法，在浏览器端输入：

① 网站 http://localhost:8080 的请求和响应消息；

② 网站 www.sctbc.net 的请求和响应消息；

③ 新建一个 Web 项目，部署后访问此网站的请求和响应消息。

3．查阅资料，了解 HTTP 响应状态码及其含义。

购物中心项目之 XML 基础

【项目概述】

通过项目 3 的学习，我们已经了解了 Java Web 中重要的 HTTP 的相关知识，本项目将介绍在 Java Web 项目开发中，常用的一种配置文件——XML 文件。XML 是一种通用的数据存储交换格式，与 HTML 相比，它的语法较为简单，采用树形的数据结构，更加严格，可以保证数据的安全性和唯一性。XML 最初是被 W3C 作为 Web 开发的标准之一，后来扩展到几乎所有类型的软件开发领域。很多 Web 开发框架也把 XML 作为一个配置文件来使用，以此降低程序模块之间的耦合性。

在四川工商职业购物中心项目中，我们看到项目的配置文件 web.xml 就是一个 XML 文件，如图 4.1 所示。

```
web.xml
<?xml version="1.0" encoding="UTF-8"?>
<web-app xmlns:xsi="http://www.w3.org/2001/XMLSchema-instance"
xmlns="http://java.sun.com/xml/ns/javaee"
xsi:schemaLocation="http://java.sun.com/xml/ns/javaee
 http://java.sun.com/xml/ns/javaee/web-app_3_0.xsd"
id="WebApp_ID" version="3.0">
  <display-name>shopping</display-name>
  <welcome-file-list>
    <welcome-file>index.html</welcome-file>
    <welcome-file>index.htm</welcome-file>
    <welcome-file>index.jsp</welcome-file>
    <welcome-file>default.html</welcome-file>
    <welcome-file>default.htm</welcome-file>
    <welcome-file>default.jsp</welcome-file>
  </welcome-file-list>
  <error-page>
    <error-code>404</error-code>
    <location>/error404.jsp</location>
   </error-page>
</web-app>
```

图 4.1　web.xml 文件

在现实生活中，很多事物之间都存在一定的关联关系。如图 4.2 所示，一个学校有很多系别，每个系下面有很多专业，每个专业下面又有很多班级。这些系别和班级之间可以通过一张树形结构图来描述。对于程序而言，解析图片内容非常困难，而采用 XML 文件保存这种树形结构的数据是最好的选择。

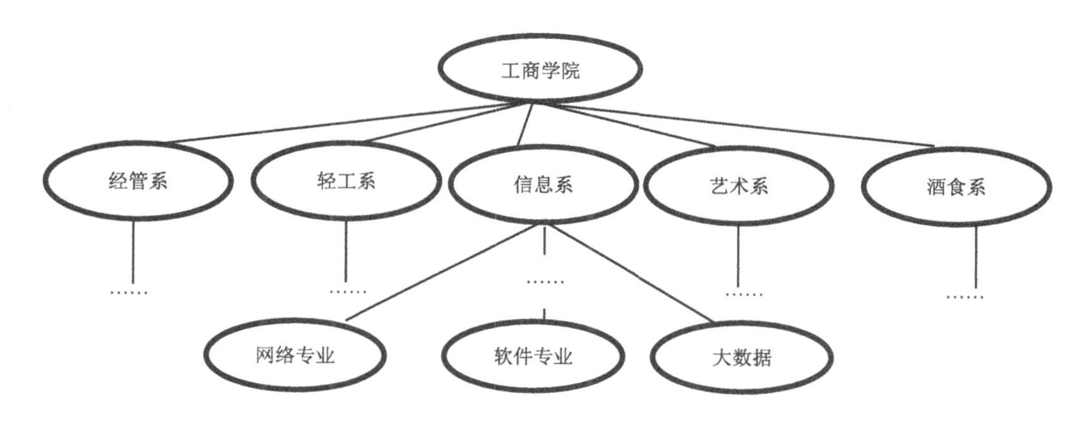

图 4.2　学院关系图

【知识目标】

在本项目中，学习的知识点有 XML 的作用、XML 语法和 XML 的约束模式。

4.1 通用数据 XML

MySQL Server，SQL Server 和 Oracle 等数据库提供了更强有力的数据存储和分析能力，可扩展标记语言（XML）主要用于传输数据，而与其同属标准通用标记语言的 HTML 则主要用于显示数据。XML 与其他数据表现形式最大的不同在于——它极其简单。

4.1.1　XML 的作用

在四川工商购物中心的 Java Web 项目中，主要的 XML 文件即 web.xml 文件。它的作用如下。

web.xml 文件是用来初始化配置信息的，比如欢迎页面（Welcome）、Servlet、映射文件（Servlet-mapping）、过滤器文件（Filter）、监听器文件（Listener）、启动加载级别等。

具体作用如下。

（1）指定欢迎页面。访问一个网站时，默认情况下看到的第一个页面即欢迎页，一般情况下由首页来充当。我们一般会在 web.xml 中指定欢迎页。但 web.xml 并不是一个 Web 的必要文件，一个没有 web.xml 文件的网站仍然可以正常工作。但是，如果网站的功能很复杂，web.xml 就非常有必要了。所以，默认创建的动态 Web 工程在 WEB-INF 文件夹下都有一个 web.xml 文件。

【案例 4.1】 欢迎页面的配置文件。

```
<welcome-file-list>
   <welcome-file>login.jsp</welcome-file>
   <welcome-file>login1.jsp</welcome-file>
 </welcome-file-list>
```

案例 4.1 指定了两个欢迎页面：login.jsp 和 login1.jsp。显示时按顺序从第一个<welcome-file>后的页面找起，如果第一个存在，就显示第一个，后面的不起作用；如果第一个不存在，就找第二个，以此类推。

（2）命名与定制 URL。我们可以为 Servlet 和 JSP 文件命名并定制 URL，其中定制 URL 是依赖命名的，命名必须在定制 URL 之前。

【案例 4.2】为 Servlet 命名，cn.sichuangongshang.TestServlet 类的 Servlet 的名字为 servlet1。

```
<servlet>
    <servlet-name>servlet1</servlet-name>
    <servlet-class>cn.sichuangongshang.TestServlet</servlet-class>
</servlet>
```

【案例 4.3】为 Servlet 定制 URL，servlet1 定向的 url 为*.do。

```
<servlet-mapping>
    <servlet-name>servlet1</servlet-name>
    <url-pattern>*.do</url-pattern>
</servlet-mapping>
```

（3）定制初始化参数：可以定制 Servlet, JSP, Context 的初始化参数，然后可以在 Servlet, JSP, Context 中获取这些参数值。

下面是 Servlet 的举例。

【案例 4.4】初始化 Servlet 参数（Servlet 类名、用户名及对应的值）。

```
<servlet>
    <servlet-name>servlet1</servlet-name>
    <servlet-class>cn.sichuangongshang.TestServlet</servlet-class>
    <init-param>
         <param-name>userName</param-name>
         <param-value>Gaoxq</param-value>
    </init-param>
    <init-param>
         <param-name>E-mail</param-name>
         <param-value>7654321@qq.com</param-value>
    </init-param>
</servlet>
```

经过上面的配置，在 Servlet 中能够调用 getServletConfig().getInitParameter("param1")获得参数名 userName 和 E-mail 对应的值。

（4）指定错误处理页面，可以通过“异常类型”或“错误码”来指定错误处理页面。

【案例 4.5】404 的错误属于 java.lang.Exception，出现此错误的处理页面为 doexception.jsp。

```
<error-page>
    <error-code>404</error-code>
    <exception-type>java.lang.Exception<exception-type>
    <location>/doexception.jsp<location>
</error-page>
```

（5）设置过滤器。

【案例 4.6】设置一个编码过滤器，过滤所有资源。

```
<filter>
    <filter-name>XXXCharSetFilter</filter-name>
    <filter-class>cn.sichuangongshang.CharSetFilter</filter-class>
</filter>
<filter-mapping>
    <filter-name>XXXCharSetFilter</filter-name>
    <url-pattern>/*</url-pattern>
</filter-mapping>
```

（6）设置监听器。

【案例 4.7】在配置文件中设置监听器的 XML 代码。

```
<listener>
    <listener-class>cn.sichuangongshang.XXXLisenet</listener-class>
</listener>
```

（7）设置会话（Session）过期时间，其中时间以分钟为单位。

【案例 4.8】设置 30 min 超时。

```
<session-config>
    <session-timeout>30</session-timeout>
</session-config>
```

这些作用在项目中经常用到。除了这些标签元素之外，用户还可以往 web.xml 中添加很多标签元素，由于很多元素不常使用，此处不再赘述。如需使用，读者可查询相关帮助文档。

4.1.2 XML 语法

1. 文档声明

在一个完整的 XML 文档中，必须包含一个 XML 文档的声明，并且该声明必须位于文档的第一行。这个声明表示该文档是一个 XML 文档，并指出其遵循哪个 XML 版本的规范。以图 4.1 中 web.xml 文件为例，第一行代码<?xml version="1.0" encoding="UTF-8"?>为文档的声明。

语法格式为：<?xml 版本信息[编码信息][文档独立性信息]?>

文档声明以符号“<?”开头，以符号“?>”结束，中间可以声明版本信息，编码信息和文档独立性信息。需要注意的是，在“<”和“?”之间，“?”和“>”之间以及第一个“?”和“xml”之间不能有空格；中括号（[]）括起来的部分是可选的。

对于本项目，web.xml 中的 XML 版本为 1.0，编码格式为 UTF-8，没有独立性声明。

【案例 4.9】文档声明。

用最简单的声明语法声明 XML 版本号为 1.0。

```
<?xml version="1.0" ?>
```

用 encoding 属性说明文档的字符编码为 UTF-8。

```
<?xml version="1.0" encoding="UTF-8" ?>
```

用 standalone 属性说明文档是否独立。

```
<?xml version="1.0" encoding="UTF-8" standalone="no" ?>
```

注 意

在有中文的情况下，内容的编码和文件本身的编码要一致。

2. 元素定义

在图 4.1 中可以看到 web.xml 文件中除声明外还包括其他元素定义。在 XML 文档中，主体内容都是由元素组成的。元素一般是由开始标记、属性、元素内容和结束标记构成的。

比如在本项目中，<display-name>shopping</display-name>显示项目名称为 shopping。

3. 属性定义

在 XML 文档中，可以为元素定义属性。属性是对元素的进一步描述和说明。在一个元素中，可以有多个属性，并且每个属性都有自己的名称和取值。

【案例 4.10】在 error-page 中定义两个属性：error-code 和 location。

```
<error-page>
    <error-code>404</error-code>
    <location>/error404.jsp</location>
</error-page>
```

4. 注释

如果想在 XML 文档中插入一些附加信息，如作者姓名、文档版本号等，或者想暂时屏蔽某些 XML 语句，可以通过注释的方式来实现。被注释的内容会被程序忽略而不被解析和处理。XML 注释和 HTML 注释写法基本一致，即<!--注释信息-->

注 意

注释不能在 XML 文档第一行出现；注释不能出现在标记中；字符串“--”不能在注释中出现；XML 不允许以“-->”结尾；注释不能嵌套使用。

5. 特殊字符处理

和 Java 语法类似，在 XML 文档中，有些字符具有特殊的意义，解析器在解析时不会将其当作一般字符按照原始意义进行处理。表 4.1 列举了 XML 文档中的特殊字符和预定义实体的对应关系。

表 4.1　特殊字符和预定义实体对照表

特殊字符	预定义实体
&	&
<	<
>	>
"	"
'	'

6. CDATA 区

CDATA 区全称为 Character DATA，以“<![CDATA[”开始，以“]]>”结束，在两者之间嵌入不想被解析程序解析的原始数据，解析器不对 CDATA 区中的内容进行解析，而是将这些数据原封不动地交给下游程序去处理。

在 XML 元素中，“<”和“&”是非法的。“<”会产生错误，因为解析器会把该字符解释为新元素的开始；“&”也会产生错误，因为解析器会把该字符解释为字符实体的开始。某些文本，比如 JavaScript 代码，包含大量“<”或“&”字符。为了避免错误，可以将脚本代码定义为 CDATA。CDATA 部分中的所有内容都会被解析器忽略。

【案例 4.11】在 CDATA 区中比较两个数大小的函数。

```
<script>
<![CDATA[
function compare(a,b)
{   if (a > b && a >0) then
   {  return 1;
   }else
   {   return 0;  }
}
]]>
</script>
```

在例 4.11 中，解析器会忽略 CDATA 部分中的所有内容。

注 意

CDATA 部分不能包含字符串“]]>”，也不允许有嵌套的 CDATA 部分；标记 CDATA 部分结尾的“]]>”不能包含空格或换行。

4.1.3 XML 的约束模式

计算机程序在处理 XML 文档之前，必须能够解析出 XML 文档内容中各个元素的相关信息。XML 文档必须严格遵循一定的语法，解析器程序 Parser 才能解析出 XML 文档内容所表述的信息。

XML 的约束模式定义了 XML 文档中允许出现的元素名（也就是标记名）、元素中的属性、元素中的内容类型、元素之间的嵌套关系以及出现顺序。

另外，XML 约束模式还定义了 XML 文档的词汇表，定义了一个 XML 文档必须遵循的结构。如果把 XML 文件看作是数据库中的表，那么 XML 约束模式就相当于数据库表结构的定义。

如果没有为一个 XML 文档指定约束模式，那么该文档中可以包含任何类型的标记；如果为一个 XML 文档指定了约束模式，那么它必须满足约束模式所规定的结构、数据类型和数据关联等内容。

用作 XML 约束模式的内容也需要遵循一定的语法规则，这些语法规则就形成了 XML 约束模式语言。它是用来创建 XML 标记语言的语言，也被称为元语言。

先后出现的 XML 约束模式语言有 XML DTD, XDR, SOX, XML Schema 等，其中应用最广泛和具有代表意义的是 XML DTD 和 XML Schema。XML Schema 的出现解决了 XML DTD 的一些局限性。

1. DTD 约束模式

文档类型定义（Document Type Definiton，DTD）可定义合法的 XML 文档构建模块。它使用一系列合法的元素来定义文档的结构。DTD 约束分为 3 类：标签、属性、文本。

（1）标签约束语法为：

```
<!ELEMENT 元素名称 类别>  或 <!ELEMENT 元素名称 (元素内容)>
```

其中类别：空标签“EMPTY”表示元素一定是空标签；普通字符串(#PCDATA)表示标签的内容一定是普通字符串（不能含有子标签）；任何内容“ANY”表示元素的内容可以是任意内容（包括子标签）。

<!ELEMENT 元素名称 (子元素名称 1,子元素名称 2,…)>表示按顺序出现子标签。

（2）属性约束语法为：

```
<!ATTLIST 元素名称 属性名称 属性类型 默认值>
```

其中属性类型：CDATA 表示普通字符串；(en1|en2|…)表示一定是任选其中的一个值；

ID 表示在一个 XML 文档中该属性值必须唯一。值不能以数字开头。

默认值：#REQUIRED 属性值是必需的；#IMPLIED 属性不是必需的；#FIXED value 属性不是必需的，但属性值是固定的。

【案例 4.12】 DTD 的 3 种导入方法。

（1）内部导入 student.xml。

```
<?xml version="1.0" encoding="GB2312" ?>
<!DOCTYPE 学校 [
    <!ELEMENT 学院(学生+)>
    <!ELEMENT 学生 (姓名,性别,专业)>
    <!ELEMENT 姓名 (#PCDATA)>
    <!ELEMENT 性别 (#PCDATA)>
    <!ELEMENT 专业 (#PCDATA)>
    <!ATTLIST 学生 sno SNO #REQUIRED>
]>
<学院>
    <学生 sno="s001">
        <姓名>张三</姓名>
        <性别>男</性别>
        <专业>软件开发</专业>
    </学生>
    <学生 sno="s002">
        <姓名>小梅</姓名>
        <性别>女</性别>
        <专业>软件测试</专业>
    </学生>
</学院>
```

（2）外部导入 student.xml。

```
<?xml version="1.0" encoding="GB2312" ?>
<!DOCTYPE 学院 SYSTEM "student.dtd">
<学院>
    <学生 sno="s001">
        <姓名>张三</姓名>
        <性别>男</性别>
        <专业>软件开发</专业>
    </学生>
    <学生 sno="s002">
        <姓名>小梅</姓名>
        <性别>女</性别>
        <专业>软件测试</专业>
    </学生>
</学院>
    <!ELEMENT 学院(学生+)>
```

```
<!ELEMENT 学生 (姓名,性别,专业)>
<!ELEMENT 姓名 (#PCDATA)>
<!ELEMENT 性别 (#PCDATA)>
<!ELEMENT 专业 (#PCDATA)>
<!ATTLIST 学生 sno SNO #REQUIRED>
```

（3）互联网导入。

```
<!DOCTYPE 根元素 PUBLIC "dtd 文件的地址">
```

2. Schema 约束

XML Schema 也是一种用于定义和描述 XML 文档结构与内容的模式语言，其出现是为了克服 DTD 的局限性，现在已是 W3C 组织的标准，它正逐步取代 DTD。

【案例 4.13】 Schema 示例。

```
<?xml version="1.0" encoding="UTF-8"?>
<schema xmlns="http://www.w3.org/2001/XMLSchema"
targetNamespace="http://sctbcxx.xml/heros"
xmlns:tns="http://sctbcxx.xml/heros"
elementFormDefault="qualified">
<!--
targetNamespace: 是指当前文件中定义的元素或者类型都在该命名空间中
xmlns:tns="http://sctbcxx.xml/heros": 给该命名空间起一个别名 tns
elementFormDefault="qualified": 下面所有的元素都定义在该命名空间上
-->
<element name="dota" type="tns:dota"></element>
<complexType name="dota">
<sequence maxOccurs="unbounded">
<element name="student" type="tns:student" />
</sequence>
</complexType>
<complexType name="student">
<sequence>
<element name="sno" type="string" />
<element name="sname" type="string" />
<element name="smajor" type="string" />
</sequence>
<attribute name="address" type="string" use="required" />
</complexType>
</schema>
```

XML Schema 文件自身就是一个 XML 文件，扩展名通常为.xsd。一个 XML Schema 文档通常称之为模式文档（约束文档），遵循这个文档书写的 XML 文件称之为实例文档。和 XML 文件一样，一个 XML Schema 文档也必须有一个根结点，这个根结点的名称为 Schema。

编写了一个 XML Schema 约束文档后，通常需要把这个文件中声明的元素绑定到一个 URL 地址上，即把 XML Schema 文档声明的元素绑定到一个名称空间上，以后 XML 文件就可以通过这个名称空间来告诉解析引擎，XML 文档中编写的元素来自哪里、被谁约束。

（1）使用 Schema 约束当前的 XML。

```
<dota xmlns="http://sctbcxx.xml/students"
xmlns:xsi="http://www.w3.org/2001/XMLSchema-instance"
xsi:schemaLocation="http://sctbcxx.xml/students students.xsd">
<!--
xmlns 定义当前 xml 中的元素来自哪个命名空间，并且该命名空间是默认的
schemaLocation 属性有两个值。第一个值是需要使用的命名空间，
第二个值是供命名空间使用的 XML schema 的位置，两者之间用空格分隔。
-->
<student name="zhangsan">
<sno>s001</sno>
<sname>zhangsan</sname>
<saddress>sichuanmeishan</saddress>
</student>
</dota>
```

（2）使用多个 Schema 中的元素。

在不同的约束模式文档中，出现表示不同含义的相同标记名称是完全有可能的。每个约束模式文档被赋予一个唯一的名称空间，每个名称空间都用一个唯一的 URI（Uniform Resource Identifier，统一资源标识符）表示。在 XML 实例文档中为来自不同模式文档的元素增加不同的前缀部分，元素名称前增加的各个前缀名称分别代表各个模式文档的名称空间。

如果 students.xml 中出现两个 student 元素，那么就可以将这两个 student 元素定义在不同的命名空间中，如下所示。

```
students.xml
<dota xmlns="http://sctbcxx.xml/students"
xmlns:tn="http://www.sctbcxx.xml/student2"
xmlns:xsi="http://www.w3.org/2001/XMLSchema-instance"
xsi:schemaLocation="http://www.sctbcxx.xml/students students.xsd
http://www.sctbcxx.xml/student2 student2.xsd">
<!--
xmlns="http://www.sctbcxx.xml/students"
xmlns:tn="http://www.sctbcxx.xml/student2"
引入两个命名空间并且指定这两个命名空间来自哪两个文件
xsi:schemaLocation="http://www.sctbcxx.xml/students students.xsd
http://www.sctbcxx.xml/student2 student2.xsd">
-->
<student name="xiaomei">
<sno>s002</sno>
<sname>xiaomei</sname>
<saddress>sichuanleshan</saddress>
```

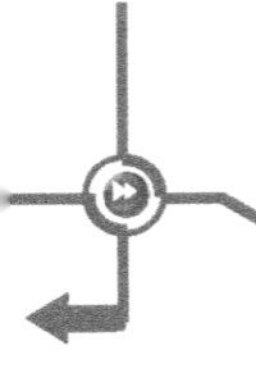

```
    </student>
    </dota>
```

XML 既作为跨平台数据交换的标准格式，又作为框架或系统的配置文件，能熟练使用代码读写 XML 是学习 J2EE 必须掌握的基础之一。本项目基于基础的 Java Web 开发，不涉及 XML 的读写。为了给读者后期的学习打下基础，本节对 XML 读写只做粗略的介绍。

4.2 基于 DOM 的 XML 读写

文档对象模型（Document Object Model，DOM），是 W3C 组织推荐的处理可扩展标志语言 XML 的标准编程接口。在网页上，组织页面（或文档）的对象被组织在一个树形结构中，用来表示文档中对象的标准模型，称为 DOM。

每个 XML 的结构都是以树的形式呈现出来的，XML 文档可以统一解析成树状结构。

【案例 4.14】 一个表示文档的 XML 文件：doctest.xml。

```
<?xml version="1.0" encoding="UTF-8" standalone="no"?>
<employees>
        <employee sn="0001">
            <name>张三</name>
            <age>29</age>
            <height>1.78</height>
        </employee>
        <employee sn="0002">
            <name>李四</name>
            <age>31</age>
            <height>1.71</height>
            </employee>
</employees>
```

doctest.xml 文件的解析如图 4.3 所示。

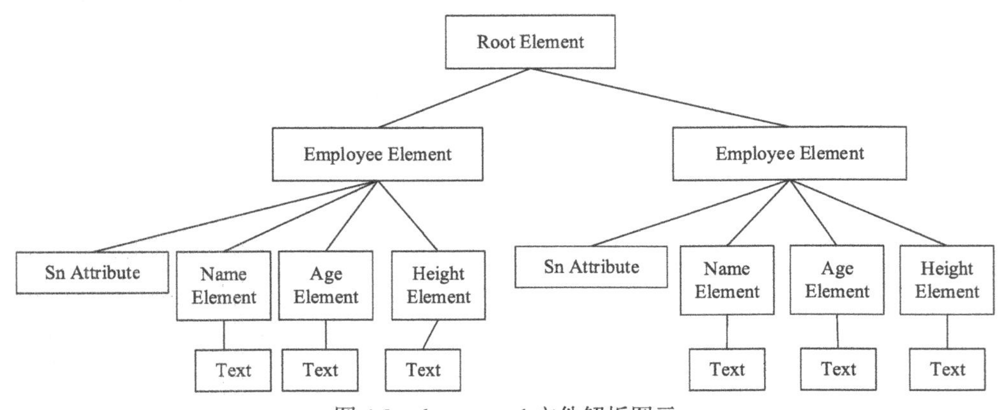

图 4.3 doctest.xml 文件解析图示

其中，Document 表示文档为 XML 文档；Element 代表带有标签的元素；Attribute 代表标签上的属性；Text 表示文本内容。

使用 DOM 按照树状结构依次解析上面的 XML。

```
//创建 DOM 解析器的工厂
DocumentBuilderFactory factory = DocumentBuilderFactory.newInstance();
//得到 DOM 解析器对象
DocumentBuilder docBuilder =factory.newDocumentBuilder();
//通过 DOM 解析器将指定的 XML 解析成 DOM 对象
Document doc = docBuilder.parse(new File("F:\\employees.xml"));
//1. 得到 xml 的根元素
Element rootElement = document.getDocumentElement();
//2. 得到根元素下的子节点
NodeList nodeList = rootElement.getChildNodes();
//3. 遍历根元素下面的所有子节点
for (int i = 0; i < nodeList.getLength(); i++) {
Node node = nodeList.item(i);
//不关心根元素下的文本节点，只关心带有元素
if(node instance of Element){
//都是 employee 元素
Element employeeEl = (Element)node;
//打印出 employee 元素和 employee 元素上的 sn 属性
System.out.println(employeeEl+"-->"+employeeEl.getAttribute("sn"));}}
```

DOM 中的类结构图如图 4.4 所示。

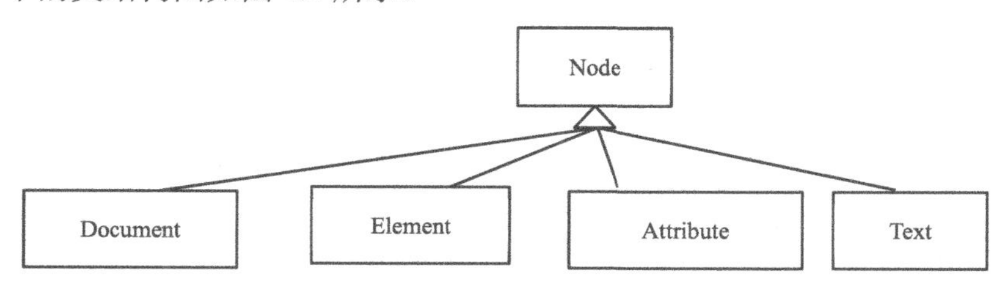

图 4.4　DOM 中的类结构图

表 4.2～表 4.4 所示是类的常用方法。

Node 代表一个节点，XML 中的所有元素都可以用节点来描述，见表 4.2。

表 4.2　Node 类方法

方法	返回值	说明
appendChild(Node newChild)	Node	将节点 newChild 添加到此节点的子节点列表的末尾
getChildNodes()	NodeList	包含此节点的所有子节点的 NodeList
getFirstChild()	Node	此节点的第一个子节点
getLastChild()	Node	此节点的最后一个子节点

续表

方法	返回值	说明
getNextSibling()	Node	返回此节点之后的节点
getPreviousSibling()	Node	返回此节点之前的节点
getNodeName()	String	此节点的名称，如果是元素节点的话，是标签名字
getParentNode()	Node	此节点的父节点
getTextContent()	String	此属性返回此节点及其后代的文本内容
hasChildNodes()	Boolean	返回此节点是否具有任何子节点
insertBefore(Node newChild,Node refChild)	Node	在现有子节点 refChild 之前插入节点 newChild
removeChild(Node oldChild)	Node	从子节点列表中移除 oldChild 所指示的子节点，并将其返回
ReplaceChild(Node newChild，Node oldChild)	Node	将子节点列表中的子节点 oldChild 替换为 newChild，并返回 oldChild 节点
setTextContent(String textConent)	Void	返回此节点及其后代的文本内容

Document 代表一个 XML 文档。主要提供了创建 XML 文档包含的元素的方法，见表 4.3。

表 4.3　Document 类方法

方法	返回值	说明
createAttribute(String name)	Attr	创建指定名称的 Attr
createElement(String tagName)	Element	创建指定类型的元素
createTextNode(String data)	Text	创建指定字符串的 Text 节点
getDocumentElement()	Element	这是一种便捷属性，该属性允许直接访问文档元素的子节点（根元素）
getElementByTageName(String tagname)	NodeList	按文档顺序返回包含在文档中且具有给定标记名称的所有 Element 的 NodeList

Element 代表一个 XML 元素，主要提供了对元素属性的操作，见表 4.4。

表 4.4　Element 类方法

方法	返回值	说明
getAttribute(String name)	String	通过名称获取属性值
getAttributeNode(String name)	Attr	通过名称获得属性节点
getElementsByTagName(String name)	NodeList	以文档顺序返回具有给定标记名称的所有后代 Elements 的 NodeList
getTagName()	String	获得元素的名称
has Attribute(String name)	Boolean	当具有给定名称的属性在此元素上被指定一个值或具有默认值时，返回 true；否则返回 false
removeAttribute(String name)	Void	通过名称移除一个属性
SetAttribute(String name,String vale)	Void	添加一个新属性

4.3 基于 XML 的 CRUD

若把 XML 作为数据交互的格式，就涉及从 XML 文档中对数据的 CRUD 增加（Create）、查询/重新得到数据（Retrieve）、更新（Update）和删除（Delete）操作。

在 XML 中以节点的形式保存数据，而在 Java 里面都是以 Java 对象的形式来封装数据。基于 XML 的 CRUD 本质是节点和对象的映射。

具体步骤如下。

（1）定义业务对象；

（2）定义操作 XML 的接口；

（3）Data Access Object（数据存取对象，简称 DAO）的实现。

【案例 4.15】 基于 XML 的 CRUD 操作。

（1）定义 Student.java。

```
public class Student {
private String sn;//唯一学号
private String name;//姓名
private Integer age;//年龄
private Double height;//身高
//省略 getter 和 setter 方法
}
```

（2）定义操作 XML 的接口。

```
public interface IStudentDAO {
/*将一个 Student 对象保存到 xml 中*/
public void add(Student student);
/* 根据 sn 的值将 xml 中对应的 student 节点从 xml 中删除*/
public void remove(String sn);
/* 将 newStudent 对象中的数据更新到对应 XML 的 student 元素中*/
public void update(String sn,Student newStudent);
/** 根据 sn 得到 student 对象*/
public Student get(String sn);
/* 得到 XML 中所有 Student 对象数据*/
public List<Student> list();
}
```

（3）DAO 实现。

```
public class StudentDAOImpl implements IStudentDAO {
//解析 XML 得到 document 对象
private Document getDoc() {
```

```
Document document = null;
try {
document = DocumentBuilderFactory.newInstance().
newDocumentBuilder().parse(new File("F:\\students.xml"));
} catch (SAXException | IOException | ParserConfigurationException e){
e.printStackTrace();
}
return document;
}
/* 将修改过的 document 保存到 XML 文件中*/
private void saveDoc(Document document){
try {
Transformer transformer = TransformerFactory.newInstance()
.newTransformer();
// 封装源
Source xmlSource = new DOMSource(document);
// 封装目标
Result outputTarget = new StreamResult(new File("F:\\students.xml"));
// 将源中的数据输出到目标中
transformer.transform(xmlSource, outputTarget);
} catch (Exception e) {
e.printStackTrace();
}}
public void add(Student student) {
// (1)得到 XML 对应的 Document 对象
Document document = getDoc();
if (document != null) {
// (2)document 对象的根元素
Element rootElement = document.getDocumentElement();
// (3) 创建一个 Student 元素
Element studentElement = document.createElement("student");
// (4)将 Student 元素节点追加到根元素
rootElement.appendChild(studentElement);
// (5)给 Student 元素节点设置属性 sn
studentElement.setAttribute("sn", student.getSn());
// (6)创建一个 name 的元素节点
Element nameElement = document.createElement("name");
// (7)将创建出的 name 元素追加到 Student 元素下面
studentElement.appendChild(nameElement);
// (8)将 student 对象上的 name 值作为文本子节点添加到 name 元素下
nameElement.setTextContent(student.getName());
//创建 age 和 height 元素，并添加到 student 元素下
Element ageElement = document.createElement("age");
studentElement.appendChild(ageElement);
```

```
ageElement.setTextContent(student.getAge() + "");
Element heightElement = document.createElement("height");
studentElement.appendChild(heightElement);
heightElement.setTextContent(student.getHeight() + "");
//保存修改之后的文档对象
saveDoc(document);
}}
public void remove(String sn) {
//(1)得到 XML 对应的 document 对象
Document document = getDoc();
if (document != null) {
//(2)找到 document 对象中的所有 student 节点元素对象
NodeList nodeList = document.getElementsByTagName("student");
for (int i = 0; i < nodeList.getLength(); i++) {
Element studentEl = (Element) nodeList.item(i);
//(3)比较所有 student 节点对象上的 sn 属性的值
//如果相等，说明该节点需要被删除
if (studentEl.getAttribute("sn").equals(sn)) {
//删除元素，通过该元素的父元素的 remove 方法删除元素本身
studentEl.getParentNode().removeChild(studentEl);
break;
}}}
//将修改的 XML 保存
saveDoc(document);
}
public void update(String sn, Student newStu) {
// (1)得到 XML 对应的 document 对象
Document document = getDoc();
if (document != null) {
// (2)找到 document 对象中的所有 student 节点元素对象
NodeList nodeList = document.getElementsByTagName("student");
for (int i = 0; i < nodeList.getLength(); i++) {
Element stuEl = (Element) nodeList.item(i);
// (3)比较所有 student 节点对象上的 sn 属性的值
//如果相等，说明找到了需要修改的节点
if (stEl.getAttribute("sn").equals(sn)) {
// (4)找到该节点下面的子节点,将这些子节点中的内容修
//改成 newStu 对象上的内容
stuEl.getElementsByTagName("name").item(0).setTextContent(newStu.get
Name());
stuEl.getElementsByTagName("age").item(0).setTextContent(newStu.getA
ge()+ "");
stuEl.getElementsByTagName("height").item(0).setTextContent(newStu.g
etHeight() + "");
break;
}}
```

```
saveDoc(document);
}}
/* 将 student 元素转成 student 对象*/
private Student element2Student(Element stuEl) {
String sn1 = stuEl.getAttribute("sn");
String name = stuEl.getElementsByTagName("name").item(0).getText
Content();
String age = stuEl.getElementsByTagName("age").item(0).getTextContent();
String height = stuEl.getElementsByTagName("height").item(0).getText
Content();
// (5)将内容封装到对象中然后返回
Student student = new Student();
student.setSn(sn1);
student.setName(name);
student.setAge(Integer.parseInt(age));
student.setHeight(Double.parseDouble(height));
return student;
}
public Student get(String sn) {
Document document = getDoc();
if (document != null) {
/**寻找 document 中所有 student 节点元素,然后比较这些元素上的 sn 值，相等即找到*/
NodeList nodeList = document.getElementsByTagName("student");
for (int i = 0; i < nodeList.getLength(); i++) {
Element stuEl = (Element) nodeList.item(i);
if (stuEl.getAttribute("sn").equals(sn)) {
//解析出 XML 中 student 节点中的内容
Student student = element2Student(stuEl);
return student;
}}}
return null;}
public List<Student> list() {
List<Student> list = new ArrayList<>();
//得到 XML 对应的 document 对象
Document document = getDoc();
if (document != null) {
//从 document 对象中解析出 student 节点元素
NodeList nodeList = document.getElementsByTagName("student");
for (int i = 0; i < nodeList.getLength(); i++) {
Element stuEl= (Element) nodeList.item(i);
Student student = element2Student(stuEl);
list.add(student);
}}
return list;}}
```

4.4 SAX 解析

在使用 DOM 解析 XML 文档时，需要读取整个 XML 文档，再对 XML 文档进行操作。此种情况下，如果 XML 文档特别大，就会占用计算机的大量内存，并且容易导致内存溢出。

SAX 解析允许读取文档和处理文档同步进行，无须等到整个文档装载完才对文档进行操作。不过 SAX 只能够用来解析 XML 中的数据，而不是更改 XML 中的数据。

SAX 解析原理如下。

（1）SAX 采用事件处理的方式解析 XML 文件，利用 SAX 解析 XML 文档，涉及两个部分：解析器和事件处理器。解析器可以使用 JAXP 的 API 创建，创建出 SAX 解析器后，就可以指定解析器去解析某个 XML 文档。

（2）解析器采用 SAX 方式，在解析某个 XML 文档时，它只要解析到 XML 文档的一个组成部分，就会去调用事件处理器的一个方法，解析器在调用事件处理器的方法时，会把当前解析到的 XML 文件内容作为方法的参数传递给事件处理器。

（3）事件处理器由程序员编写，程序员通过事件处理器中方法的参数，就可以很轻松地得到 SAX 解析器解析到的数据，从而可以决定如何对数据进行处理。

本书引用的项目中没有用到 SAX 解析器，这部分知识了解即可。

【案例 4.16】SAX 解析 XML 文档。

```
public class SAXParserXML {
public static void main(String[] args) throws Exception {
// 1.创建 SAX 解析器
SAXParserFactory saxParserFactory = SAXParserFactory.newInstance();
SAXParser saxParser = saxParserFactory.newSAXParser();
// 将容器传入事件处理器中，处理后的结果放在容器中
List<Student> list = new ArrayList<>();
saxParser.parse(new File("F:\\students.xml"),new ContentHandlerImpl
(list));
for (Student student : list) {
System.out.println(student);
}}}
class ContentHandlerImpl extends DefaultHandler {
private List<Student> list;
public ContentHandlerImpl(List<Student> list) {
this.list = list;
}
Student student = null;
private String currentTag; // 记录当前标签
/* 标签开始时执行*/
public void startElement(String uri, String localName, String qName,
Attributes
attributes)throws SAXException {
```

```
if ("student".equals(qName)) {
/* 遇到 student 开始标签说明有新的 student 标签，需要创建一个 student 对象来
存储该标签中的数据*/
student = new Student();
list.add(student);
student.setSn(attributes.getValue("sn")); // 获取属性
} else if ("name".equals(qName) ||"age".equals(qName) || "height".
equals(qName)) {
currentTag = qName;
}}
/* 标签结束时执行*/
public void endElement(String uri, String localName, String qName)
throws SAXException {
currentTag = null;
}
/* 文本元素时执行*/
public void characters(char[] ch, int start, int length) throws
SAXException {
// 获取标签中的文本内容
String value = new String(ch, start, length);
// 将读取到的文本内容根据当前标签设置到 student 的不同属性上
if ("name".equals(currentTag)) {
student.setName(value);
} else if ("age".equals(currentTag)) {
student.setAge(Integer.parseInt(value));
} else if ("height".equals(currentTag)) {
student.setHeight(Double.parseDouble(value));
}}}
```

【项目总结】

本项目中，通过讲解 XML 作用、XML 语法和 XML 的约束模式了解到在 Java Web 项目开发中 XML 文档的作用以及使用方法，为后期项目的开发奠定了一定的理论基础。

【项目拓展】

1．编写一个规范的 XML 文档，命名为 classes.xml。班级信息中要求包含班级 3 个：①班级名为软件技术班，辅导员刘老师，班长张丽，班级代号 s17311，班级人数 60 人；②班级名为电子商务班，辅导员何老师，班长王文，班级代号 d17421，班级人数 50 人；③班级名为大数据班，辅导员杨老师，班长李梅，班级代号 data18001，班级人数 55 人。

2．编写 classes.xml 的一个简单的 dtd 约束 classes.dtd。

项目5 购物中心项目之开发模型

【项目概述】

通过前面的学习，我们对整个项目有了一定的了解，并且对Java和HTTP、XML在项目开发中所涉及的基础知识有所了理解。在四川工商职业购物中心的项目中，我们采用基于MVC的项目开发模式进行进一步的项目开发，接下来我们将对MVC开发模式的Model（模型层）、View（视图层）和Control（控制层）进行层层分解式的学习。

【知识目标】

在本项目中，我们将学习MVC设计模式的核心部件；JavaBean属性，JSP概念和原理；JSP基本语法和Servlet基础；JavaBean, JSP异常处理机制和Servlet。

5.1 MVC设计模式

MVC（Model View Controller）是Xerox PARC（Xerox Palo Alto Research Center）在20世纪80年代为Smalltalk-80编程语言发明的一种设计模式，现已得到广泛使用。MVC设计模式将软件程序划分为3个核心部件：Model（模型）、View（视图）和Controller（控制器）。

1. Model

模型是应用程序的主体部分，负责处理应用程序的业务数据、定义访问控制和修改这些业务数据的规则。当模型的状态发生改变时（例如，通过网络链接接收到新数据），它会通知控制器视图已发生改变，控制器会进行相应的更新。

2. View

视图是用户在浏览器中看到的界面，能与用户交互，接收用户输入，并将用户提交的数据传递给模型处理，依据模型数据去创建并显示结果。

3. Controller

控制器处理应用程序中的用户交互，它负责从客户端接受用户请求，并调用模型和视图去完成用户请求。

如图 5.1 所示，视图将用户请求传递给控制器，控制器接受用户的操作，调用模型的业务处理方法，模型对数据处理完成后，控制器根据模型的返回结果选择相应的视图组件更新显示结果。3 个模块分别完成不同的任务，充当不同的角色，同时又相互联系，构成一个结构分明且高效的整体。

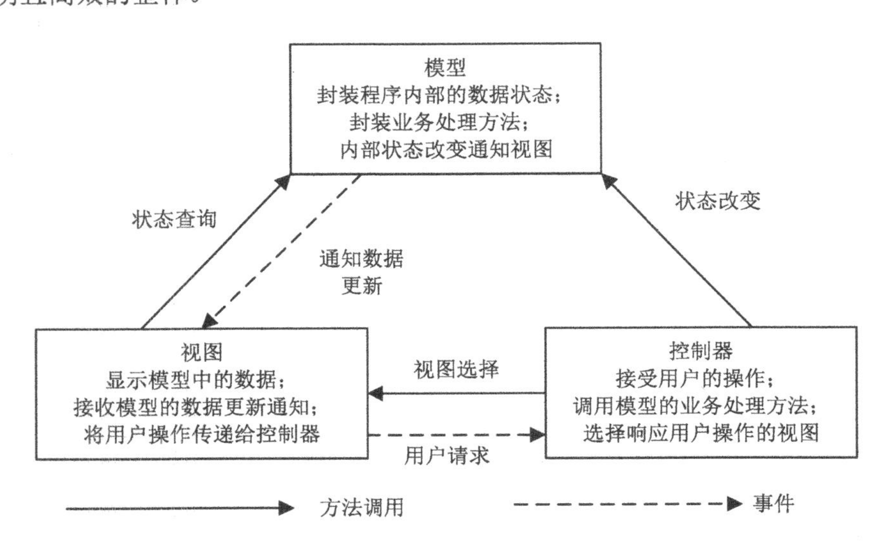

图 5.1　MVC 部件的关系和功能图

5.1.1　Model 1

JSP+JavaBean 开发也称作 JSP Model 1，是以 JSP 为中心（JSP Centeric）的设计模型，主要通过 JSP 和 JavaBean 的配合来完成大部分功能。这种模式比较简单，适合于快速开发。

如图 5.2 所示，用户提交信息给 JSP 页面，JSP 接收用户提交的值并通过 JavaBean 连接数据库和操作数据库，然后将结果返回给客户。

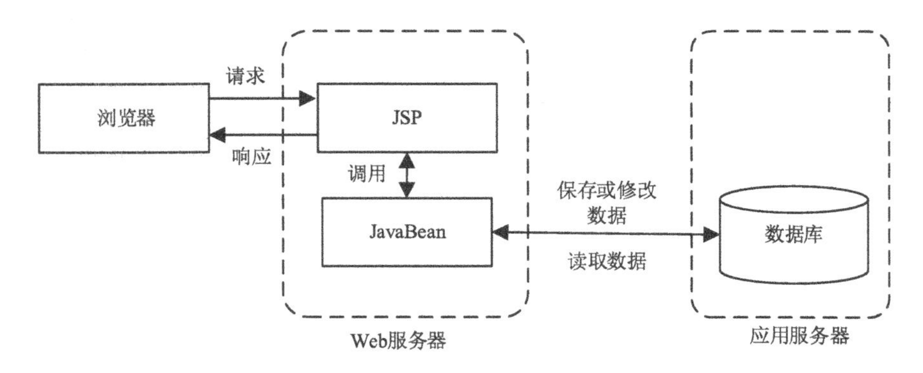

图 5.2　Model 1 模型工作原理图

5.1.2　Model 2

JSP+JavaBean+Servlet 是以 Servlet 为中心（Servlet Centric）的设计模型，又称为 Model 2。Model 2 将 3 种技术同时使用，各种技术分工更加详细、更加明确，适合大型项目的开发。Model 2 的这种开发模式也叫 MVC 模式。MVC 的模型负责程序的业务数据管理，视图负责界面显示，控制器负责用户交互管理（接收请求和选择响应视图）。

如图 5.3 所示，在 Model 2 中使用 Servlet 来充当控制器，JSP 只充当显示。

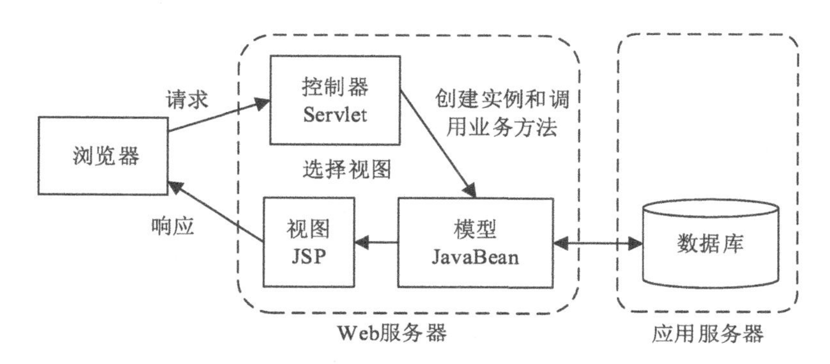

图 5.3　Model 2 模型工作原理图

5.2　MVC 之 Model（JavaBean）

JavaBean 是一种特殊的 Java 类，它遵从一定的设计模式，开发工具和其他组件可以根据这种模式来调用 JavaBean。Sun 公司发布了 JavaBean 的规范，它要求一个标准的 JavaBean 组件需要遵循一定的编码规范，具体如下。

- 必须是一个公共类，即使用关键字 public 声明类。
- 必须提供一个公共的、无参数的构造方法，这个方法可以是通过编译器自动产生的默认构造方。
- JavaBean 类中的实例变量必须为私有，类变量都为 private，如：private int id。

- 必须为 JavaBean 类中的实例变量提供公共的 getter/setter 方法。

5.2.1　JavaBean 属性

JavaBean 属性的概念不同于普通 Java 类的属性。JavaBean 的属性是以方法定义的形式出现的，而在 Java 类中属性指的是类的成员变量。

属性修改器或 setter 方法用于对属性赋值，属性访问器或 getter 方法用于读取属性值。

属性修改器必须以小写的 set 作为前缀，后跟属性名，且属性名的第一个字母大写。例如，user 的属性修改器名称为 setUser，password 属性的修改器名称为 setPassword。

```
public void setUser(String user);
public void setPassword(String password);
```

属性访问器以小写的 get 作为前缀，后跟属性名，且属性名的第一个字母大写。例如，user 的属性访问器名称为 getUser，password 属性的访问器名称为 getPassword。

```
public String getUser();
public String getPassword();
```

如果一个属性只有 getter 方法或 setter 方法，则该属性为只读或只写属性，如果一个属既有 getter 方法，又有 setter 方法，则该属性为读写属性。

如果 JavaBean 属性类型为 boolean，它的命名为 test，那么其 setter 方法和 getter 方法应为 setTest()和 isTest()。示例代码如下：

```
public class BeanTest{
    private boolean test;
    public void setTest(boolean test){
        this.test=test;
    }
    public boolean isTest(){
        return test;
    }
}
```

5.2.2 JavaBean 示例

用 JavaBean 来表示注册用户数据。用户注册界面上输入的数据在存入数据库之前，一般先将其存入该 JavaBean 中；从数据库中取出来的数据在被 JSP 使用之前，也是先将其放在 JavaBean 中。

【案例 5.1】定义一个类 User。

```
/*
* 一般情况下，字段的名字和属性的名字是一样的
*/
public class User {
    private Long num;
    private String usrname;// 该字段的名字和 name 属性的名字可以不一样
    private String name;
    private String pwd;
    private Integer type;
    private Boolean sex;
    //定义 num 属性
    public Long getNum() {
        return num;
    }
    public void setNum(Long num) {
        this.num = num;
    }
    //定义 name 属性
```

```
        public String getName() {
            return username;
        }
        public void setName(String name){
            this.username = name;
        }
        //定义 pwd 属性
        public String getPwd() {
            return pwd;
        }
        public void setPwd(String pwd) {
            this.pwd = pwd;
        }
        public void setType(Integer type) {
            this.type = type;
        }
        //属性的类型为基本数据类型 boolean，那么该属性的读取器可以写成 is 开头;而
        //Boolean 则是它的封装类
        public Boolean getSex() {
            return sex;
        }
        public void setSex(Boolean sex) {
            this. sex = sex;
        }
        public String toString() {
            return "User [num=" + num + ", usrname=" + usrname + ", name="
            + name + ", pwd=" + pwd + ", type="    + type + ", sex=" +
            sex + "]";
        }
    }
```

上面代码中的属性都是 private 类型，只有通过属性的 set 方法才能设置该属性值，并且只能通过 get 方法才能得到该属性值，从而保证数据的安全性。

使用内省以标准的方式访问 JavaBean，代码如下：

```
    public class TestBeanProperty{
    public static void main(String[] args) throws Exception{
        // 1.得到一个 JavaBean 类的信息包装类对象
        //static BeanInfo getBeanInfo(Class<?> beanClass)
        //了解所有属性、公开的方法和事件，在 JavaBean 上进行内省
        //static BeanInfo getBeanInfo(Class<?> beanClass,Class<?>
        stopClass)
        //在给定的"断"点之下，在 JavaBean 上进行内省，了解其所有属性的公开的方法
        BeanInfo info=Introspector.getBeanInfo(User.class,Object.class);
        // 2.从信息包装类中得到该类里边的所有属性描述器，JavaBean 中的每一个属性对
        // 应一个属性描述器
```

```
        PropertyDescriptor[] pds=info.getPropertyDescriptors();
        for(PropertyDescriptor pd:pds) {
                String pName=pd.getName();              //获取属性的名字
                Class type=pd.getPropertyType();        //获得属性的类型
                Method reader=pd.getReadMethod();       //获得属性 getter 的方法
                Method writer=pd.getWriteMethod();      //获得属性 setter 的方法
            }
        }
    }
```

5.2.3 BeanUtils

BeanUtils 主要用于简化 JavaBean 封装数据的操作，是 Apache Commons 组件的成员之一。

- BeanUtils 可以便于对 JavaBean 的属性进行赋值。
- BeanUtils 可以便于对 JavaBean 的对象进行赋值。
- BeanUtils 可以将一个 MAP 集合的数据复制到一个 JavaBean 对象中。

截至目前，BeanUtils 的最新版本为 Apache Commons BeanUtils 1.9.3，用户可以根据需要下载相应的版本。BeanUtils 工具包可从官方网站下载：http://commons.apache.org/proper/commons-beanutils/download_beanutils.cgi，如图 5.4 所示。

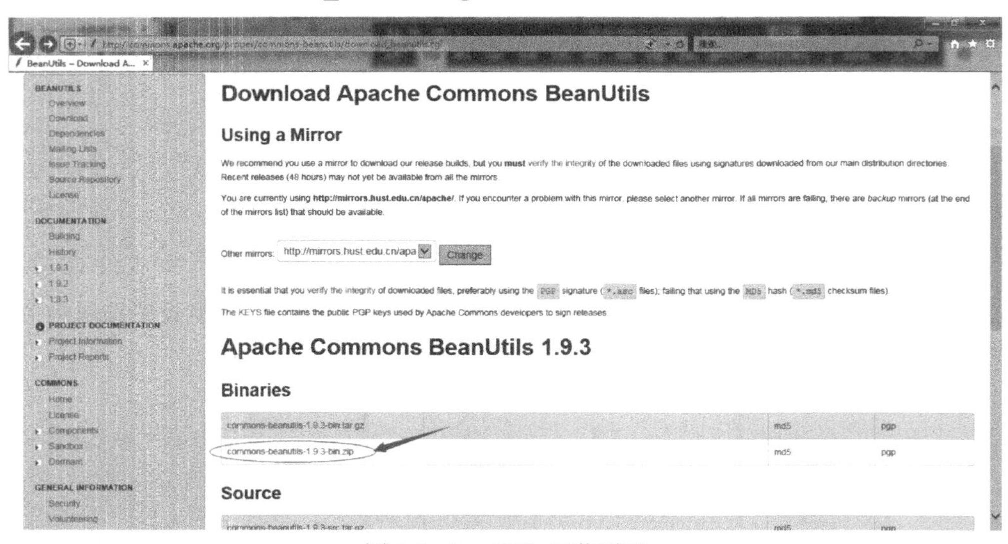

图 5.4 BeanUtils 下载页面

在图 5.4 中，单击箭头所指链接进行下载，解压缩下载文件就可以得到 BeanUtils 开发所需要的 Commons-beanutils-1.9.3.jar（工具核心包）。需要注意的是，BeanUtils 工具包还需要日志记录包 commons-logging-1.2.jar 来配合使用，其下载官方网站为 http://commons.apache.org/proper/commons-logging/download_logging.cgi。此外，BeanUtils 还有一个增强集合包 commons-collections4-4.2.jar，感兴趣的用户可以进入官方网站下载：http://commons.apache.org/proper/commons-collections/download_collections.cgi。

5.3 MVC 之 View（JSP）

5.3.1　JSP 概念和原理

JSP（Java Server Page）是以 Java 语言为基础的动态网页开发技术。比 Servlet 输出 HTML 页面简单了很多。JSP 的特点是 HTML 代码与 Java 程序共享存在。接收到用户请求时，服务器会处理 Java 代码片段，然后将动态生成的 HTML 页返回给客户端，客户端的浏览器呈现出最终页面效果。JSP 可以帮助开发人员通过利用特殊的 JSP 标签将 Java 代码插入 HTML 页面，其中大部分以<%...%>作为标志，文件后缀名为*.jsp。

下面通过一个简单的 JSP 文件（firstJsp.jsp）来理解 JSP 语言，代码如下：

```
<%@ page language="java" contentType="text/html;charset=UTF-8"
pageEncoding="UTF-8"%>
<html>
<head>
<meta http-equiv="Content-Type" content="text/html;charset=UTF-8">
<title>第一个 JSP</title>
</head>
<body>
<%
    String num=request.getParameter("num");
    if(num==null||"".equals(num)){
        num="4";
    }
    for(int i=0;i<Integer.parseInt(num);i++){
%>
    这是我的第一个 JSP<br/>
<%
    }
%>
</body>
</html>
```

当访问该页面的时候，该 JSP 页面被 JSP 引擎翻译为 Servlet 并且编译，翻译之后的源码被放在 Tomcat/work/Catalina/localhost/_/org/apache/jsp/firstJsp_jsp.java 中。浏览器上的显示结果如图 5.5 所示。

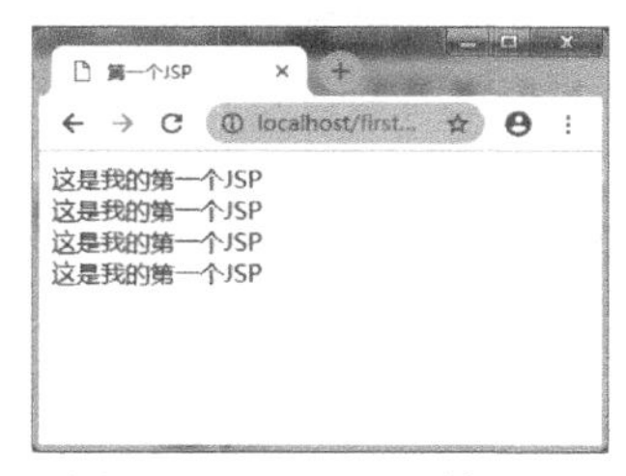

图 5.5　firstJsp.jsp 效果图

提 示

我们学习 JSP 的过程就是在学习 JSP 中的元素被翻译之后在 Servlet 中所对应的代码，因此在学习 JSP 的过程中一定要比对 Servlet。

JSP 语言按照一定的机制去接收、处理、返回客户端请求，运行原理图如图 5.6 所示。

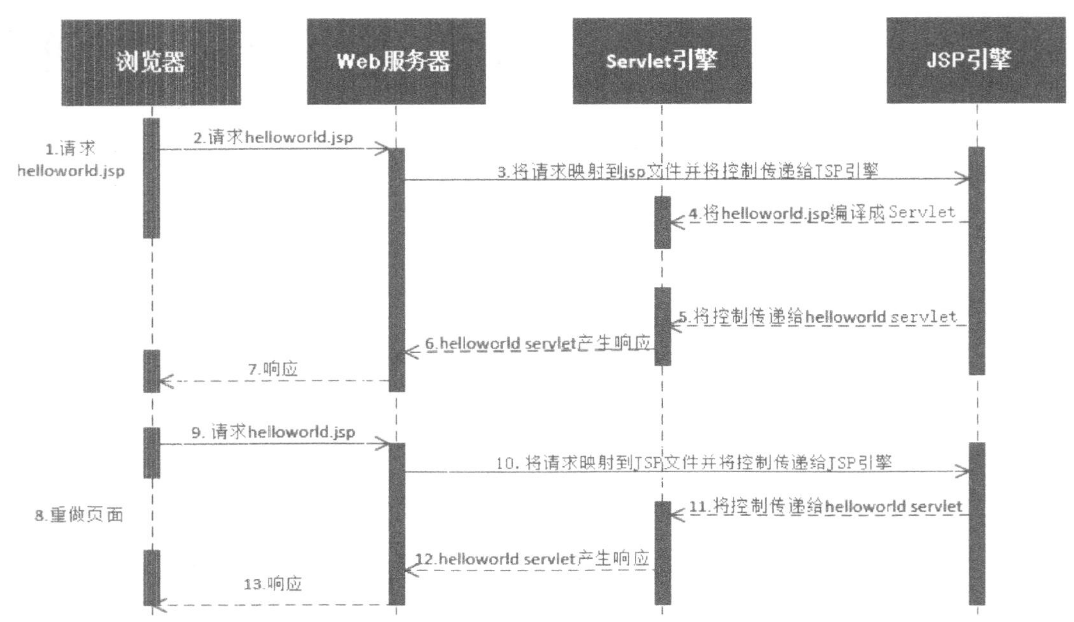

图 5.6　JSP 运行原理图

每个 JSP 页面在第一次被访问时，JSP 引擎将它翻译成一个 Servlet 源程序，接着再将其编译成 Servlet 的 class 类文件，然后由 Servlet 引擎来装载和解释执行这个由 JSP 页面翻译成的 Servlet 程序。当再次访问该页面时，如果该页面没有任何改动，服务器就会直接调用对应的 Class 类文件来执行。如果 JSP 在运行过程中被修改，则需要重新通过 JSP 引擎翻译 Servlet 并且编译。

注 意

因为 JSP 最终还是以 Servlet 运行，所以可以把 JSP 配置在 Servlet 节点中。代码如下：

```
<servlet>
    <servlet-name>JSPConfig</servlet-name>
    <jsp-file>/innerObject/config.jsp</jsp-file>
</servlet>

<servlet-mapping>
```

```
    <servlet-name>JSPConfig</servlet-name>
    <url-pattern>/jspconfig</url-pattern>
</servlet-mapping>
```

5.3.2　JSP 基本语法

JSP 原始代码中包含了 JSP 元素和 Template（模板）data 两类。Template 是指 JSP 引擎不处理的部分，即标签<%...%>以外的部分，这部分内容会直接传送给客户端浏览器。JSP 元素指的是由 JSP 引擎直接处理的部分，应符合 JSP 语法规范，否则会编译错误。

1. JSP 指令

标准指令用来设定 JSP 网页的整体配置信息。它们并不向客户端产生任何输出，所有的指令在 JSP 整个文件范围内有效，JSP 指令为翻译阶段提供了全局信息。

语法格式如下：

```
<%@ 标准指令 属性=属性值 %>
```

JSP 的 3 种标准指令分别是 page、include 和 taglib。它们的用途如表 5.1 所示。

表 5.1　JSP 标准指令

JSP 标准指令	用途	范例
page	设定 JSP 整体信息	<%@page import="java.util.*"%>
include	在 JSP 内包含其他 JSP 内容	<%@include file="left.html"%>
taglib	在 JSP 内使用自定义标签	<%@taglib prefix="abc" uri="taglib.tld"%>

（1）page 指令。

page 指令以“<%@page”开始，以“%>”结束，用于定义 JSP 页面的各种合局属性，又称为页面指令，其作用范围是整个 JSP 页面。通常情况下，page 指令放在 JSP 页面的起始位置。

示例：

```
<!-- 可以在 import 中引入多个类，通过“,”隔开 -->
<%@page import="java.util.HashMap,java.util.Map"%>
<!--被翻译为
import java.util.HashMap;
import java.util.Map;
-->
<%@ page language="java" pageEncoding="UTF-8" contentType="text/
html;charset=UTF-8"%>
<!—此代码被编译为
response.setContentType("text/html; charset=UTF-8");
//其中 pageEncoding="UTF-8"用来指定再翻译过程中使用的编码
-->
```

```
<html>
</html>
```

（2）include 指令。

include 指令用于通知 JSP 引擎在编译当前 JSP 页面时将指定文件中的内容合进到当前 JSP 页面转换成的 Servlet 源文件中，这种引入方式被称为静态引入。当前 JSP 页面与静态引入的页面融合后再整体转换为一个 Servlet。

语法格式如下：

```
<%@ include file="URL"%>
```

其中，file 属性用于指定被引入文件的路径。

将 JSP 文件编译成 Servlet 源文件时，JSP 引擎将被引入的文件与当前 JSP 页面中的指令元素合并。所以，除了 import 和 pageEncoding 属性，page 指令的其他属性在这两个页面中的设置值必须一致。

源文件 main.jsp 的代码如下：

```
<%@ page language="java" pageEncoding="UTF-8" contentType="text/
html;charset=UTF-8"%>
<html>
    <head>
        <meta http-equiv="Content-Type" content="text/html;charset=
        UTF-8">
        <title>Main JSP</title>
    </head>
    <body>
    <%--如果以/开头，表示项目根目录 --%>
    <%@ include file="include.jspf" %>
        main page
    </body>
</html>
```

源文件 include.jsp 的代码如下：

```
<%@ page language="java" pageEncoding="UTF-8" contentType="text/
html; charset=UTF-8"%>
include page
```

访问 main.jsp 后，main.jsp 被翻译成的 servlet 代码（核心代码）如下所示：

```
out.write("<html>\r\n");
out.write("<head>\r\n");
out.write("<meta http-equiv=\"Content-Type\" content=\"text/html;
charset=UTF-8\">\r\n");
out.write("<title>主要的 JSP</title>\r\n");
out.write("</head>\r\n");
out.write("<body>\r\n");
```

```
out.write("include page\r\n");
out.write("main page\r\n");
out.write("</body>\r\n");
out.write("</html>\r\n");
```

2. JSP 标签

（1）JSP 程序代码标签。

在 JSP 内编写 Java 代码有 4 种标签，如表 5.2 所示。

表 5.2　JSP 程序代码标签

标签语法	说明	实例
<%! 声明语句 %>	用于成员变量和方法的声明，这里声明的变量在类中是全局变量，而<%...%>声明的变量是类的局部变量，在这里声明的方法将转换为 Servlet 中的方法	<%! int count=1; public void test(){ System.out.println(“hello”); }%>

<%Java 代码%>	Scriptlet 标签，它包含了一个 Java 片段，即一个多行的 Java 代码，使用标准的 Java 语法，单不能在标签中定义方法，因为这段代码在 JSP 编译后，将成为对应的 Servlet 的 _jspService()方法体的一部分	<%
		int j=10;
		for(int i=0;i<j;i++)
		out.println(“整数值是”+i);
		%>

<%=表达式%>	表达式，其结果显示在页面中标签所在的位置，注意表达式后不能有“;”，否则就变成了 Scriplet	<%= obj1.getMsg()%>
<%--注释--%>	JSP 中的注释符，注释的内容不出现在布标页面的代码中，如果你是用 HTML 注释<!-->，它们将出现在 HTML 页面中	<%--这里写注释--%>

示例：

```
<%@ page language="java" pageEncoding="UTF-8" contentType="text/
html; charset=UTF-8"%>
<html>
<head></head>
<body>
<%--
<%! %>中间写 Java 代码,该标签是一个声明标签,被翻译到该 JSP 页面对应的类里面
--%>
<%!
    private String name;
    class Person{}
    public void getName(){
        System.out.println("这个一个成员方法...");
    }
%>
```

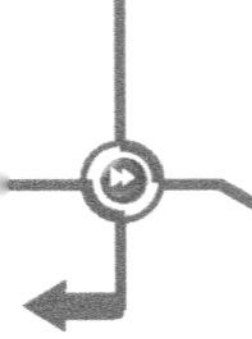

```
<%--以<% %>中间写 Java 代码,该标签是一个脚本标签,被翻译在_jspService 方法中--%>
<%
    String password = "admin"; //_jspService 方法的局部变量
    class Persion{ //_jspService 方法的局部内部类}
    /*
    public void getName(){} 因为该代码被翻译到_jspService 方法中，方法中不
    能够再写方法...
    */
%>
<%--以<%=表达式 %>：中间写 Java 代码，该标签是一个表达式标签，被翻译在
_jspService 方法中。主要是用来输出表达式的值，被翻译成 out.print(表达式)：该
表达式必须有运算的结果,有结果的话才能够输出...--%>
<%=password%>
<%--    JSP 代码的注释...    --%>
<%
    //        Java 代码的单行注释
    /*
            Java 代码的多行注释
    */
    /**
            Java 代码的文档注释
    */
%>
<!--html 注释 -->
</body>
</html>
```

（2）JSP 动作标签。

JSP 还提供了一种称之为动作的元素，在 JSP 页面中使用动作元素可以完成各种通用的 JSP 页面功能，也可以实现一些处理复杂业务逻辑的专用功能。

JSP 规范中定义了一些标准的动作元素，这些元素的标签名以 jsp 作为前缀且全部采用小写。

语法格式如下：

```
<jsp:动作元素 属性 1=属性值 1 属性 2=属性值 2>
```

① <jsp:include>动作元素。

<jsp:include>动作元素用于把另外一个资源的输出内容插入到当前 JSP 页面的输出内容之中，这种引入方式称之为动态引入。通常用来解决网页复用问题。

语法格式如下：

```
<jsp:include page="URL" flush="true|false"/>
```

在上述语法格式中，page 属性用于指定被引入资源的路径；flush 属性用于指定是否将当前页面的已输出内容刷新到客户端，默认值为 flase。

源文件 include01.jsp，代码如下：

```
<%@page import="java.util.Date"%>
<%@ page language="java" pageEncoding="UTF-8" contentType="text/
html; charset=UTF-8"%>
```

被包含的 JSP：

```
<% Date date = new Date(); %>
```

源文件 main.jsp，代码如下：

```
<%@page import="java.util.Date"%>
<%@ page language="java" contentType="text/html; charset=UTF-8"
pageEncoding="UTF-8"%>
<html>
<body>
<jsp:include page="include01.jsp"></jsp:include>
<%-- 被翻译成了 org.apache.jasper.runtime.JspRuntimeLibrary.include
(request, response, "include.jsp", out,false);
这句代码的实现：
    String resourcePath = getContextRelativePath(request, relativePath);
    RequestDispatcher rd = request.getRequestDispatcher(resourcePath);
    rd.include(request,new ServletResponseWrapperInclude(response,
    out));
--%>
```

主要的 JSP：

```
<% Date date = new Date(); %>
</body>
</html>
```

<jsp:include>标签是在当前 JSP 页面执行期间插入被引入资源的输出内容，被动态引入的资源必须是一个能独立被 Web 容器调用和执行的资源。当前 JSP 页面和被动态引入的资源是两个彼此独立的执行实体。

② <jsp:forward>动作元素。

<jsp:forward>动作元素把一个请求转发到另一个 JSP 或 Servlet，或者其他的静态资源（HTML）。被转发的资源与发送请求的页面必须处于相同的上下文环境，每当遇到此标签时，容器就会停止执行当前的 JSP，转而执行被转发的资源。

<jsp:include>语句应用格式如下：

```
<jsp: forward page="file-url" />
<jsp: param name="param-name" value="param-value" />
</jsp: forward>
```

在上述语法格式中，page 属性用于指定请求转发到的资源的路径，该路径是相对于当前 JSP 页面的 URL 地址的。

源文件 target.jsp 的代码如下：

```
<%@ page language="java" pageEncoding="UTF-8" contentType="text/
html; charset=UTF-8"%>
```

目标 JSP 如下。

源文件 main.jsp:

```
<%@ page language="java" contentType="text/html; charset=UTF-8"
page Encoding="UTF-8"%>
<html>
<body>
```

主要的 JSP：

```
<jsp:forward page="target.jsp"></jsp:forward>
<%--翻译的代码：
if (true) {
    _jspx_page_context.forward("target.jsp");
    return;
}
```

上面的方法有如下代码实现：

```
context.getRequestDispatcher(path).forward(request, response);
--%>
</body>
</html>
```

如果<jsp:forward>标签不通过<jsp:param>传递参数，<jsp:forward>和</jsp:forward>必须在同一行中并且中间不能够有空格，否则会出现错误。

3. JSP 内置对象

JSP 中有 9 种内置对象，这 9 种内置对象只能够在 JSP 脚本标签（<%…%>）中使用，并且不用声明直接使用。这 9 种内置对象的名称、类型、描述和存取范围如表 5.3 所示。

表 5.3　JSP 内置对象

名称	类型	描述	存取范围
request	javax.servlet.http.HttpServletRequest	封装了浏览器发出的请求对象，它的作用域是一个完整的请求，这将作为_jspService 的入口参数	request
response	javax.servlet.http.HttpServletResponse	封装了响应内容，当前页面有效	page
pageContext	javax.servlet.jsp.PageContext	给 JSP 提供当前请求页面的信息（页面属性），可以通过对该对象获取 JSP 页面的其他隐含对象	page

续表

名称	类型	描述	存取范围
session	javax.servlet.http.HttpSession	客户端发送一个请求时，在服务器上将创建一个会话。只要指令标签中没有将会话取消（<%@page session="false" %>），就可以使用该对象，通过 session 对象的 setAttribute 和 getAttribute 方法可维护 session 中的对象	session
out	javax.servlet.jsp.JspWriter	out 对象将响应的信息输出到网页上，其缓冲大小通过 page 指令标签的 buffer 属性设置	page
application	javax.servlet.ServletContext	它提供了一组和 Web 容器通信的方法，每个应用程序都有一个上下文，这意味着 Application 对象能够在应用程序的整个生命周期访问	application
config	javax.servlet.ServletConfig	Config 对象使用 Web 容器在初始化 JSP 之前得到 JSP 的配置信息，config 的作用域为页面	page
page	java.lang.Object	page 对象对应 Java 中的关键字 this，它代表当前 JSP 页面	page
exception	java.lang.Throwable	是 java.lang.Throwable 的一个示例，它代表未捕获的异常，只有在 page 指令中指定 isErrorPage="true"属性，将 JSP 页面标示为错误处理页面，才可以使用这个对象	page

（1）out 对象。

JSP 页面中的 out 内置对象的类型为 JspWriter。JspWriter 相当于一种带缓存功能的 PrintWriter，可以设置 JSP 页面中 page 指令的 buffer 属性来调整它的缓存大小，甚至将它的缓存关闭。

（2）config 对象。

config 对象一般用来取得服务器的初始化配置参数，如需使用此对象，应在 WEB-INF/web.xml 中进行配置。

源文件 config.jsp，代码如下：

```
<%
    String encoding = config.getInitParameter("encoding");
/*
直接访问 JPS 页面的话，JSP 中的内置对象 config 中封装的是 JspServlet 的配置参数，
如果通过配置的 url-pattern 来访问，JSP 中的内置对象 config 中封装的是
JspServlet 的配置参数和当前<servlet>节点的配置参数
*/
System.out.println(config.getServletName());
                                //该 Servlet 可以在 web.xml 中配置一个名字
Enumeration<String> initUsernames = config.getInitParameterNames();
```

```
    while(initUsernames.hasMoreElements()){
        String initUsername = initUsernames.nextElement();
        System.out.println(initUsername +"=="+config.getInitParameter
        (initUsername));
    }
    %>
```

（3）session 对象。

在第一个 JSP 页面被加载时，session 对象被自动创建，用来完成会话期管理。可以在 JSP 的 Page 指令上设置 session="false"来禁用 session 变量，代码如下：

```
<%@page language="java" pageEncoding="UTF-8" contentType="text/html;
charset=UTF-8" session="false"%>
```

（4）pageConext 对象。

pageContext 对象封装了当前 JSP 页面的运行信息，它提供了返回 JSP 页面的其他隐式对象的方法。

pageContext 类中定义了一个 setAttribute 方法和一个 getAttribute 方法。setAttribute 用来将对象存储到 pageContext 对象内部的一个 HashMap 对象中，getAttribute 方法用来查询存储在该 HashMap 对象中的对象。

pageContext 类可以存储和查询自身中的属性对象，同时还定义了可以存储和查询其他域范围内的属性对象的方法。

使用 pageContext 对象访问不同作用域中的内容：

```
<%@page language="java" pageEncoding="UTF-8" contentType="text/html;
charset=UTF-8" buffer="8kb"%>
<html>
<body>
<%
//RequestInteger reqNum=
(Integer)pageContext.getAttribute("request",
PageContext.REQUEST_SCOPE);
    pageContext.setAttribute("request",reqNum,PageContext.REQUEST_
    SCOPE);
    //session
    Integer sessNum= (Integer)pageContext.getAttribute("session",
    PageContext.SESSION_SCOPE);
    pageContext.setAttribute("session", sessNum,PageContext.SESSION_
    SCOPE);
//application(sevletcontext)
    Integer appNum= (Integer)pageContext.getAttribute("app",
    Page Context. APPLICATION_SCOPE);
    pageContext.setAttribute("appNum", appNum,PageContext.APPLICATION_
    SCOPE);
//pageContext
    Integer numInPage = (Integer)pageContext.getAttribute("pageNum");
//测试了 pageContext 对象只在一个 JSP 页面内有效
```

```
    pageContext.setAttribute("pageNum", numInPage);
%>
<jsp:forward page="showNum.jsp"></jsp:forward>
</body>
</html>
```

源文件 showNum.jsp，代码如下：

```
<%@page language="java" pageEncoding="UTF-8" contentType="text/html;
charset=UTF-8" buffer="8kb"%>
reqNum:<%=pageContext.getAttribute("request",PageContext.REQUEST_SCO
PE)%>
sessNum:<%=pageContext.getAttribute("session",PageContext.SESSION_SC
OPE)%>
appNum:<%=pageContext.getAttribute("app",PageContext.APPLICATION_SCO
PE)%>
pageNum:<%=pageContext.getAttribute("numInPage")%>
```

PageContext 类中定义了一个 forward 方法和两个 include 方法。

```
public void forward(java.lang.String UrlPath)throws javax.servlet.
ServletException,java.io.IOException
public void include(java.lang.String UrlPath)throws javax.servlet.
ServletException,java.io.IOException
```

这两个方法的具体实现由 RequestDispatcher.forwar 方法和 RequestDispatcher.include 方法负责。

5.3.3 JSP 异常处理机制

JSP 中规定了异常处理机制，具体需要完成以下 3 个步骤：①编写一个 JSP 错误页面；②在 JSP 内指定发生异常时，需回到哪个错误页面；③配置 web.xml 文件。

（1）JSP “错误页面”：使用 page 指令中的 isErrorPage 属性，格式如下：

```
<%@ page isErrorPage="true"%>
```

（2）指定回到“错误页面”：使用 page 指令中的 errorPage 属性，格式如下：

```
<%@ page errorPage="异常处理文件"%>
```

使用 page 指令指定 JSP 页面异常处理文件为 handlerException.jsp，代码如下：

```
<%@ page language="java" pageEncoding="UTF-8"contentType="text/html;
charset=UTF-8" errorPage="handlerException.jsp"%>
<%--通过指定 errorPage 来指定错误处理页面 --%>
<html>
<body>
<%
String str = null;
int i = str.length();                  //让其抛出 NullPointerException
```

```
%>
</body>
</html>
```

源文件 handlerException.jsp，代码如下：

```
<%@ page language="java" pageEncoding="UTF-8" contentType="text/html;
charset=UTF-8" isErrorPage="true"%>
<html>
<body>
错误处理页面
<%
    if(exception instance of NullPointerException){
    out.println("对象为空");
}
%>
</body>
</html>
```

（3）配置 web.xml 文件。

① 异常类型的配置，如 IOException, NullPointexception 等，具体代码如下：

```
<!-- 指定特定异常的类型交给指定的页面处理-->
<error-page>
    <exception-type>java.lang.NullPointerException</exception-type>
    <location>/exception/handlerException.jsp</location>
</error-page>
```

② 异常编码的配置。

```
<!-- 指定特定响应码交给指定的页面处理-->
<error-page>
<error-code>500</error-code>
<location>/exception/handlerException.jsp</location>
</error-page>
```

5.3.4 JSP 中的 EL 和 JSTL

1. EL 使用条件和语法

EL 既不是编程语言，也不是脚本语言，但 EL 提供了一些标识符、存取器和运算符，用来查询和操作驻留在 JSP 容器中的数据。

（1）EL 使用条件。

- 只要是支持 Servlet 2.4/JSP 2.0 的 Web 容器，就都可以在 JSP 中使用 EL。
- EL 能够非常方便地在 JSP 中引用值，使用 JavaBean 和调用方法。
- 在 JSP 页面的 page 指令中指定 isELIgnored 的值，决定是否启用 EL 语言，默认值是 false，表示启用。

```
<%@ page language="java" pageEncoding="UTF-8" contentType="text/html;
charset=UTF-8"  isELIgnored="false"%>
```

（2）EL 语法。

所有 EL 都以“${”符号开始，以“}”符号结束，具体格式如下：

```
${EL 表达式}
```

注意

EL 表达式不区分字母的大小写。

a．从 page, request, session, application 作用域中依次找 message 属性。

```
${message}
```

b．到指定的一个作用域中找。

```
${pageScope.message}                    //在 page 中找 message
${requestScope.message}                 //在 request 中找 message
${sessionScope.message}                 //在 session 中找 message
${applicationScope.message}             //在 servletContext 中找 message
```

c．如果一个对象通过一个特殊的字符串直接放到作用域中，那么必须通过指定作用域才能够找到。

```
<%
pageContext.setAttribute("ms g", "msg in PageContext");
%>
```

d．使用${作用域[特殊属性名]}的方式访问特殊属性名的值（不要用“.”访问）。

```
${pageScope["msg"]}
```

使用 EL 操作 JavaBean，示例代码如下。

a．定义 Employee。

```
public class Employee {
private String name;
private List<String> hobby;
private String[] skills;
private Map<String, String> map;
private Department department;
…//省略 getter 和 setter 方法
}
```

b．定义 Department。

```
public class Department {
private String departmentName;
…//省略 getter 和 setter 方法
}
```

c．准备数据，将 employee 对象放到 request 中再转到页面上。

```
Employee employee = new Employee();
…//省略赋值语句
Department department = new Department();
employee.setDepartment(department);
request.setAttribute("employee",employee);
request.getRequestDispatcher("/eljavabean.jsp").forward(request,
response);
使用 EL 访问 JavaBean
${employee}                 //直接访问 employee 对象
${employee.name}            //访问 employee 对象的 name 属性
${employee.hobby}           //访问 employee 对象的 hobby 属性，得到一个集合对象
${employee.hobby[2]}        //访问 employee 对象的 hobby 属性的第二个元素（访
                            //问集合元素）
${employee.hobby[100]}      //访问 employee 对象的 hobby 属性的第 100 个元
                            //素，得到空
${employee.skills}          //访问 employee 对象的 skills 属性，得到一个数组对象
${employee.skills[1]}       //访问 employee 对象的 skills 属性的第二个元素（访
                            //问数组元素）
${employee.map}             //访问 employee 的 map 属性，得到一个 Map 对象
${employee.map.aobama}      //访问 Map 对象的值
${employee.map["yao ming"]}
                            //可以使用“${map[key]}”的方式访问特殊的键
${employee.department.departmentName}  //使用“.”的方式，可以直接访问
                                       //JavaBean 关联的对象的属性
```

EL 内置对象如表 5.4 所示。

表 5.4　EL 内置对象

类别	标识符	描述
JSP	pageContext	pageContext 对应于当前页面的处理
作用域	pageScope	同页面作用域的属性名称和值有关的 Map 类
	requestScope	同请求作用域的属性名称和值有关的 Map 类
	sessionScope	同会话作用域的属性名称和值有关的 Map 类
	applicationScope	同应用程序作用域的属性名称和值有关的 Map 类
请求参数	param	根据名称存储请求参数的值的 Map 类
	paramValues	将请求参数的所有值作为一个 String 数据来存储的 Map 类
请求头	header	根据名称存储请求头主要值的 Map 类
	headerValues	将请求头的所有值作为一个 String 数据来存储的 Map 类
Cookie	Cookie	根据名称存储请求附带的 Cookie 的 Map 类
初始化参数	initParam	根据名称存储 Web 应用程序上下文初始化参数的 Map 类

通过 EL 内置对象可以直接获取相关信息。

a．访问 pageContext 对象。

```
${pageContext.request.remoteAddr} //访问 request 对象
${pageContext.servletContext.contextPath} //访问 ServletContext 对象
```

b．EL 作用域隐含对象。

```
${pageScope}                    // pageScope 代表 page 域中用于保存属性的 Map 对象
${pageScope["javax.servlet.jsp.jspRequest"].remoteAddr}
${requestScope}                 //requestScope 代表 request 域中用于保存属性的
                                // Map 对象
${sessionScope}                 // sessionScope 代表 session 域中用于保存属性的
                                // Map 对象
${applicationScope}             // applicationScope 代表 application 域中用于保
                                // 存属性的 Map 对象
```

EL 提供“.”和“[ ]”两种运算符来存取数据。

```
${sessionScope.user.sx}  等同于 ${sessionScope.user["sx"]}
```

注意

当要存取的属性名称中包含一些如“.”或“-”等并非字母或数字的特殊字符时，就一定要使用“[ ]”。

c．EL 存放请求参数的隐含对象。

```
${param}              // param 表示一个保存了所有请求参数的 Map 对象
${param.password}
${paramValues}  // paramValues 表示一个保存了所有请求参数的 Map 对象，它对于
                //某个请求参数，返回的是一个 string[]
${paramValues.username[0]} ${paramValues.username[1]}
```

d．EL 存放请求头信息的隐含对象。

```
${header}        // header 表示一个保存了所有 http 请求头字段的 Map 对象
${header.cookie}
```

e．EL 存放 cookie 的隐含对象。

```
${cookie}      //cookie 表示一个保存了所有 cookie 的 Map 对象
${cookie.lastvisittime}      //从 cookie 隐式对象中根据名称获取到的是 cookie
                             //对象，要想获取值，还需要.value
${cookie.lastvisittime.name}
${cookie.lastvisittime.value}
```

f．EL 存放 servletContext 的初始化参数的隐含对象。

```
${initParam}     // initParam 表示一个保存了所有 Web 应用初始化参数的 Map 对象
```

EL 除了提供方便存取变量的语法之外，还有另外一个功能，就是自动转变类型。

```
${param.count + 10}    //假如窗体传来的 count 值为 10，那么整个表达式的值为 20
```

empty 运算符主要用来判断值是否为 null 或空值。当使用该运算符判断集合属性时，

可以判断是否存在该属性，也可以判断该属性对应的集合是否为空集合。

```
格式：${empty param.name}
```

三目运算符${A ? B : C}：当 A 为 true 时，执行 B；当 A 为 false 时，则执行 C。

```
${empty employee?"/save":"/update"}
```

2. JSTL 概念

JSTL（JavaServer Pages Standard Tag Library）提供了一套标准的自定义 JSP 标签库，为常用的 JSP 功能提供了统一的标签访问方式。JSTL 1.2 已经作为 Java EE 5 的一个部分，成为真正 JSP 标准标签库。

引入 JSTL 标签库。

（1）jstl.jar（JSTL 规定的接口）。

（2）tandard.jar（JSTL 的实现）。

使用 JSTL 需要用到 JSP 的 taglib 指令。其语法格式如下：

```
<%@taglib uri="tag-URI" prefix="tag-Prefix"%>
```

uri 是 JSTL 中标签库的唯一标识，可以是任意字符串；prefix 是 JSTL 标签库的前缀，目的是为了区别其他同名的标签。

在 JSP 页面引入标签库，示例代码如下：

```
<%@taglib uri="http://java.sun.com/jsp/jstl/core" prefix="c"%>
```

3. JSTL 常用标签（if 标签，if else 标签，forEach 标签）

（1）if 标签。

<c:if>标签是最简单的条件标签，示例代码如下：

```
<c:if test="${1==1}">
    if 标签中显示的内容
</c:if>
```

当表达式${1==1}为 true 时，会执行标签体部分。

（2）if else 标签。

<c:if test="${1==1}" >标签只能处理单一的条件，而<c:choose>标签可以处理一个条件组。<c:choose>标签相当于 Java 中的 switch 语句。语法格式如下：

```
<c:choose>
    标签体(<c:when>和<c:otherwise>标签)
</c:choose>
```

<c:choose>标签中至少有一个<c:when>子标签，等同于 switch 语句中的关键字 case。<c:otherwise>标签等同于 switch 语句中的关键字 default。示例代码如下：

```
<%--用法:
    <c:choose>
    <c:when test="false">
```

```
            第一个 when
        </c:when>
        <c:when test="false">
            第二个 when
        </c:when>
        <c:when test="false">
            第三个 when
        </c:when>
        <c:otherwise>
            前面都不成立的话执行这里...
        </c:otherwise>
        </c:choose>
    --%>
```

（3）forEach 标签。

forEach 标签用于遍历集合和数组类型。

Items：要遍历的集合和数组对象；

var：为遍历中的每一个对象取的引用变量名。

示例代码如下：

```
<c:forEach items="${list}" var="v">
    ${v}
</c:forEach>
```

forEach 还可以作为循环使用，可以通过 begin,end,step 来控制递增或递减。

begin：起始值；

end：结束值；

step：递增步长；

var：为变量的引用名。

示例代码如下：

```
<c:forEach begin="10" end="20" step="2" var="i">
    ${i}
</c:forEach>
```

4. JSTL 在应用中的典型使用

【案例 5.2】Employee 的列表页面示例代码。

```
/*
* ListServlet 查询列表放在 request 作用域中再转到 list.jsp 来显示
*/
List<Employee> list = employeeDAO.list();
request.setAttribute("list", list);
request.getRequestDispatcher("/list.jsp").forward(request, response);
<table border="1" width="80%">
<tr>
```

```
<th>姓名</th><th>昵称</th><th>性别</th><th>爱好</th>
<th>部门</th><th>技能</th><th>操作</th>
</tr>
<!-- 隔行换色 -->
<c:forEach items="${list}" var="e" varStatus="vs">
<tr style="color: ${vs.count%2==0:"red":"blue"}">
<td>${e.name}</td>
<td>${e.nikeName}</th>
<td>${e.sex}</td>
<td><c:forEach items="${e.hobby}" var="l">${l}</c:forEach> </td>
<td>${e.department}</td>
<td><c:forEach items="${e.skills}" var="s">${s}</c:forEach></td>
<td><a href='/edit?id=${e.id}'>修改</a>
<a href='/remove?id=${e.id}'>删除<a></td>
</tr>
</c:forEach>
```

edit.jsp 编辑页面示例代码如下：

```
<form action="${empty employee?"/save":"/update"}" method="post">
```

5.4 MVC 之 Controller（Servlet）

5.4.1 Servlet 基础

1. Servlet 规范

SUN 公司提出了 Servlet 规范后，Java 在 Web 领域才有了它的一席之地。

Servlet 规范（见图 5.7）不仅规范了 Servlet 容器，还规范了 Java Web 应用结构和 Servlet 代码结构。Servlet 容器为 Java Web 应用提供运行时的环境，管理 Servlet 和 JSP 的生命周期，以及它们的共享数据。

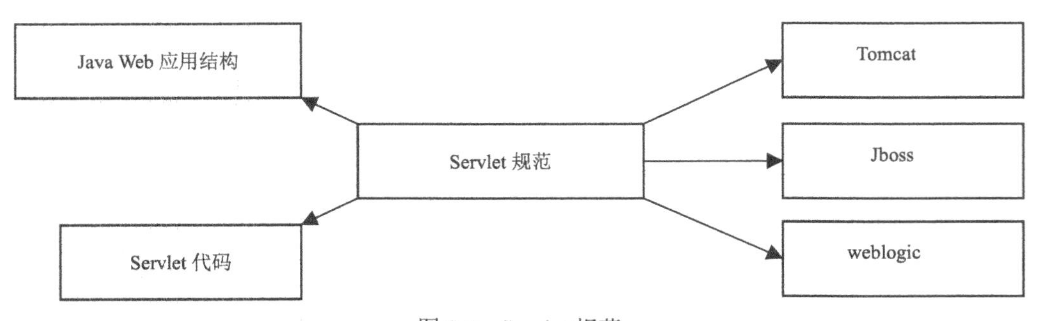

图 5.7　Servlet 规范

因此，Servlet 容器也被之称为 Java Web 应用容器或 Servlet/JSP 容器。

一个 Java Web 应用程序是由一组 Servlet、HTML 页面、类，以及其他资源组成的运行在 Web 服务器上的完整的应用程序，以一种结构化的有层次的目录形式存在。

组成 Web 应用程序的这些文件要部署在相应的目录层次中，根目录代表整个 Web 应用程序的“根”。

通常 Web 应用程序的目录放置在 webapps 目录下，webapps 目录下的每一个子目录都是一个独立的 Web 应用程序，子目录的名字即 Web 应用程序的名字，也就是 Web 应用程序的“根”。用户通过 Web 应用程序的"根"来访问 Web 应用程序中的资源。

Servlet 规范中定义了 Web 应用程序的目录层次，如下所示：

```
应用程序的根目录(名字随便起)
--WEB-INF(大写,并且是中画线)
--classes (当前应用程序 java 文件编译出来的.class 文件)
--lib 当前应用程序关联的 jar 文件
--web.xml 配置文件
```

其中：

- WEB-INF 目录下的 classes 和 lib 目录都可以用来存放 Java 的类文件。在 Servlet 容器运行时，Web 应用程序的类加载器首先加载 classes 目录下的类，其次加载 lib 目录下的类。如果在这两个目录下存在同名的类，则是 classes 目录下的类起作用。
- WEB-INF 是一个特殊的目录，要求所有字母都要大写。对客户端来说，这个目录是不可见的，但该目录下的内容对于 Servlet 代码是可见的，它并不属于 Web 应用程序可以访问的上下文路径的一部分。

2. Servlet 的生命周期和执行原理

Servlet 容器为 Java Web 应用提供运行时的环境，管理 Servlet 和 JSP 的生命周期，以及它们的共享数据。

（1）Servlet 生命周期方法。

```
/*
* 单实例,多线程处理的一个类
*/
public class LifeServlet implements Servlet {
    /*
    * 1.执行一次创建一个对象
    */
    public LifeServlet() {
    }
    /*
    * 2.Servlet 对象被创建后执行该方法，且执行一次
    */
    public void init(ServletConfig config) throws ServletException {
    }
```

```
    /*
    * 3. 每次客户请求都要执行
    */
    public void service(ServletRequest request, ServletResponse
    response) throws IOException, ServletException {
    }
    /*
    * 4. 正常关闭服务器并且在 Servlet 对象被销毁的时候执行
    */
    public void destroy() {
    }
    public String getServletInfo() {
    return null;
    }
    public ServletConfig getServletConfig() {
    return null;
    }
}
```

为该 Servlet 指定一个访问地址。

```
<servlet>
    <servlet-name>LifeServlet01</servlet-name>
    <servlet-class>cn.itsource.servlet.LifeServlet01</servlet-class>
    <!-- 服务器启动的时候就会创建该 servlet 对象,并且执行 init 方法
    数字越小越先加载执行
    -->
    <load-on-startup>0</load-on-startup>
</servlet>
<servlet-mapping>
    <servlet-name>LifeServlet01</servlet-name>
    <url-pattern>/life</url-pattern>
</servlet-mapping>
```

（2）Servlet 执行流程。

a．在浏览器上请求 http://localhost:8080/life。

b．浏览器发送请求信息。

```
GET /life HTTP/1.1
Host: localhost:8080
```

c．Tomcat 接收到浏览器发送的请求信息，根据请求信息中 Host 的值找虚拟主机。

d．解析请求中的资源路径，并到项目的 web.xml 中去匹配<url-pattern>，假如没有匹配到，返回 404 错误，如果匹配到，寻找对应 servlet-name。

e．根据<servlet-name>的名字到 Servlet 对象缓存池中查询。若找到，执行步骤 g。

f. 根据 servlet-name 找到<servlet-class>值，使用反射创建 Servlet 实例，并放到 Servlet 对象缓存池中。

g．Servlet 容器调用该 Servlet 对象上的 init 方法，并且传入封装 web.xml 配置信息的 ServletConfig 对象。

h．Servlet 容器调用该 Servlet 对象上的 service 执行，并且传入封装了客户端请求信息的 request 对象和向客户端返回响应信息的 response 对象。

i．如果 Tomcat 关闭，当 Servlet 要被销毁的时候，Servlet 容器就会调用 destroy 方法。

3．Servlet 继承体系和 ServletConfig 接口

（1）Servlet 继承体系（见图 5.8）。

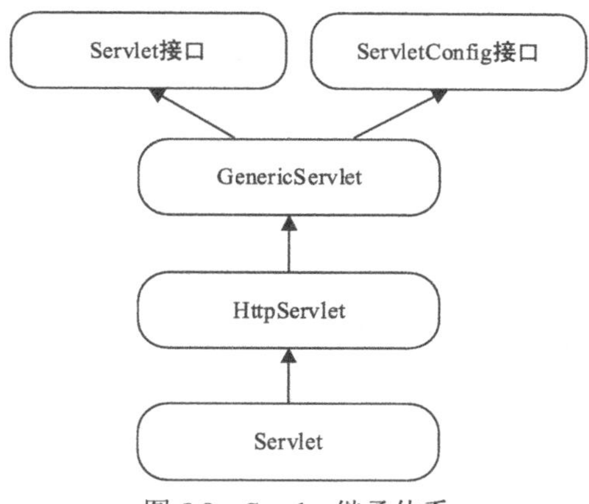

图 5.8　Servlet 继承体系

GenericServlet 实现了 Servlet 接口和 ServletConfig 接口，里面提供了一些简便的访问 ServletConfig 对象中信息的方法。

```
public String getInitParameter(String name)          //按照参数名称得到初
                                                     //始化参数值
public Enumeration<String> getInitParameterNames()  //得到所有初始化参数
                                                     //名称
public ServletContext getServletContext()           //得到应用上下文
public String getServletName()        //得到 Servlet 在 web.xml 中配置的名称
```

HttpServlet 中主要是处理 HTTP 请求，它根据客户的请求方式在 Service 方法中将请求处理分为几种。最常用使用的是 GET 和 POST，分别覆盖 doGet 和 doPost 方法即可。也可以直接通过覆盖 Service(HttpServletRequest,HttpServletResponse)方法来统一处理所有请求方式的请求。

（2）ServletConfig 接口。

在 Servlet 运行期间，经常需要调用一些辅助信息，比如，文件的编码方式、使用 Servlet 程序的公司等。这些辅助信息可以在 web.xml 文件中用一个或多个<init-param>元素进行配置。

➢ Servlet 容器会将解析出的 Servlet 相关信息封装在 ServletConfig 对象中，当 Servlet 初始化时，通过调用 init（ServletConfig config）方法可以将 ServletConfig 对象传递给 Servlet。

➢ 在 Servlet 中可以通过 ServletConfig 对象获取 Servlet 的相关配置信息。

【案例 5.3】为 MyServlet 01 配置初始化参数。

```
<servlet>
    <servlet-name>MyServlet01</servlet-name>
    <servlet-class>cn.itsource.servlet.MyServlet01</servlet-class>
    <!--为 Servlet 提供一些初始化参数-->
    <init-param>
        <param-name>language</param-name>
        <param-value>en</param-value>
    </init-param>
    <init-param>
        <param-name>encoding</param-name>
        <param-value>utf-8</param-value>
    </init-param>
</servlet>
<servlet-mapping>
    <servlet-name> MyServlet01</servlet-name>
    <url-pattern>/my01</url-pattern>
</servlet-mapping>
```

上面的信息中，<init-param>节点表示要设置的参数，该节点中的<param-name>表示参数的名称，<param-value>表示参数的值。我们在<init-param>节点中为 Servlet 配置了两个参数：一个参数名为 language，值为 en；另一个参数名为 encoding，值为 utf-8。

编写 MyServlet 01 类，实现读取 web.xml 文件中的参数信息，MyServlet 01 类的实现代码如下：

```
public class MyServlet01 implements Servlet {
    public void init(ServletConfig config) throws ServletException {
        // 指定名字得到具体的初始化参数的值
        String encoding = config.getInitParameter("encoding");
        // 得到初始化参数的所有名字
        Enumeration<String> names = config.getInitParameterNames();
while (names.hasMoreElements()) {
String name = (String) names.nextElement();
        // 再根据名字得到具体的值
System.out.println(config.getInitParameter(name));
    }
}
public void service(ServletRequest request, ServletResponse
response) throws IOException, ServletException {
}
//该方法返回 Servlet 的版本信息和作者，一般不使用
public String getServletInfo() {
}
public void destroy() {}
```

```
    public ServletConfig getServletConfig() {
    return null;
        }
    }
```

4. HttpServletRequest

Servlet 容器接收到 Http 请求后，把请求信息封装到 HttpServletRequest 对象并传递给 Service 方法，可以在 Service 方法中通过该对象获取请求信息。

（1）获取请求中的参数。

在实际开发中，常常需要获取用户提交的表单数据（如用户名、密码等）。为方便获取表单中的请求参数，接口 HttpServletRequest 中定义了一系列获取请求参数的方法，如表 5.5 所示。

表 5.5　获取请求参数的方法

方法名称	返回类型	使用时机
getParameter(String name)	String	获取特定参数名的参数值
getParameterNames()	Enumeration	获取所有参数的名称
getParameterValues(String name)	String[]	如某参数拥有多个参数值，可以一次取得所有值，然后存储在一个 String 数组中
getParameterMap()	Map	request.getParameterMap()的返回类型是 Map 类型的对象

（2）中文乱码问题。

如果请求参数中有中文，可能会出现乱码，这时需要根据不同的请求方法来解决。

以 POST 方式提交：

```
//需要在 request 调用获取请求参数的方法之前设置采用的编码
request.setCharacterEncoding("UTF-8");
String name = request.getParameter("name");
```

以 GET 方式提交：

```
//获取请求参数后先编码为 ISO-8859-1,再使用 UTF-8 解码
String name = request.getParameter("name");
System.out.println(new String(name.getBytes("ISO-8859-1"),"UTF-8"));
String neName = request.getParameter("neName");
System.out.println(new String(neName.getBytes("ISO-8859-1"),"UTF-8"));
```

【案例 5.4】表单内容的提交。

将以下的表单提交给 Servlet，让 Servlet 接收该表单中的数据并且将其封装到 Employee 对象中。

```
<form action="api" method="post">
<input type="hidden" name="id" value="111">
姓名:<input type="text" name="name"/><br/>
```

```
昵称:<input type="text" name="neName"/><br/>
密码:<input type="password" name="pwd"/><br/>
性 别 : 男 :<input type="radio" name="sex" value="男"
checked="checked"> 女 :<inputtype="radio" name="sex" value="女"><br/>
爱好: 打篮球:<input type="checkbox" value="打篮球" name="hobby" checked=
"checked">踢足球:<input type="checkbox" checked="checked" name="hobby"
value="踢足球"> 听音乐:<inputtype="checkbox" name="hobby" value=" 听音乐
">看电影:<input type="checkbox" name="hobby"value="看电影"><br/>
部门: <select name="department">
<option value="">所有部门</option>
<option value="开发部">开发部</option>
<option value="测试部" selected='selected'>测试部</option>
</select> <br/>
技能: <select name="skills" multiple="multiple" size="5">
<option value="java">java</option>
<option value=".net">.net</option>
<option value="C">C</option>
</select> <br/>
简介:<textarea rows="" cols="" name="intro"></textarea> <br/>
<input type="submit" value="提交">
```

Employee 类:

```
public class Employee {
    private String id;                      //使用隐藏域 type="hidden"
    private String name;                    //type="text"
    private String neName;                  //type="text"
    private String pwd;                     //type="password"
    private String sex;                     //单选框 type="radio"
    private List<String> hobby;             //复选框
    private String department;              //部门, select 下拉框
    private List<String> skills;            //技能, 多选的 select 下拉框
    private String intro;                   //文本域
    //getter 和 setter 方法省略
}
```

APIServlet 接收不同类型的表单元素，将其数据封装到 employee 对象中:

```
public class APIServlet extends HttpServlet {
    /**
    * request 封装了 http 的请求信息,是由客户发送给服务器的内容
    * response 封装了 http 的响应信息,是由服务器发送给客户的内容
    */
    protected void service(HttpServletRequest request, HttpServlet
    Response response) throws ServletException, IOException {
       //form 表单使用 POST 提交, 先设置数据编码, 防止中文乱码问题, 必须写在获取
       //请求值之前
```

```
        request.setCharacterEncoding("UTF-8");
        //必须写在获取相应流之前
        response.setContentType("text/html;charset=utf-8");
        Employee employee = new Employee();
        String name = request.getParameter("name");
        /*
        * 当 type='text',通过 request.getParameter(String name) 获取表单
        元素的值有 3 种情况:
        * 1. 使用的表单元素的名字在页面上不存在: null
        * 2. 使用的表单元素的名字在页面上存在但是没有值: ""
        * 3. 使用的表单元素的名字在页面上存在且有值: 表单中的值
        */
        if(name!=null&&!"".equals(name)){
            employee.setName(name);
        }
        String nickName = request.getParameter("neName");
        employee.setNikeName(neName);
}
    /*
    *当 type='password'时,通过 request.getParameter(String name)获取表单
    元素的值和 type='text'是一样的,只是 type='password'的时候在页面上显示不出
    明文而已
    */ String pwd = request.getParameter("pwd");
    if(pwd!=null&&!"".equals(pwd)){
    }
    /*
    *当 type='radio'的时候,通过 request.getParameter(String name) 有几种
    情况:
    *如:<input type="radio" name="sex">女:<input type="radio" name=
    "sex"> <br/>
    *1.虽然页面上有 input type='radio',并且 value 中也有值,但是用户不选择任
    何一个:null
    *2.虽然页面上有 input type='radio',并且 value 中也有的值"",同时用户也选
    择了这个 radio:""
    *3.虽然页面上有 input type='radio',没有 value 这个属性,同时用户也选择了这
    个 radio:on
    *4.虽然页面上有 input type='radio',并且 value 中也有值,同时用户也选择了
    这个 radio:value 的值
    *5.虽然页面上有 input type='radio',并且 value 中也有值,同时用户也选择了
    这个 randio, 但是用户使用 request.getParameter(String name) 中的参数
    如果是表单元素的名字: null
    */
    String sex = request.getParameter("sex");
    if(sex!=null&&!"".equals(sex)&&!"on".equals(sex)){
        employee.setSex(sex);
    }
```

```
/*
* 当 type='checkbox'时,通过 request.getParameter(String name)的几种
情况和 type='radio'是一样的
* 当 type='checkbox'时,通过 request.getParameterValues(String
name)得到一个数值,但是如果一个都不选择的话, 得到 null
*/
String[] hobby = request.getParameterValues("hobby");
if(hobby!=null){
    employee.setHobbies(Arrays.asList(hobby));
}
/*
* 当表单元素是 select 的时候,equest.getParameter(String name) 有几种
情况:
* 1.<option value="开发部">开发部</option> , 得到的是 value 中的值
* 2.<option value="">开发部</option> , 得到的是""
* 3.<option>开发部</option> , 得到的是开发部(text 的值)
*/
String department = request.getParameter("department");
if(department!=null){
    employee.setDepartment(department);
}
/*
* 当 select 是一个多选下拉框时,和 checkbox 是一样的效果
*/
String[] skills = request.getParameterValues("skills");
if(skills!=null){
    employee.setSkills(Arrays.asList(skills));
}
/*
* 当 type='hidden'时, 和 type='text'是一样的,只是在页面上表现的形式不一样。
在页面上看不到
*/
String id = request.getParameter("id");
if(id!=null&&!"".equals(id)){
    employee.setId(id);
}
/*
* textarea 和 type='text'是一样
*/
String intro = request.getParameter("intro");
if(intro!=null&&!"".equals(intro)){
    employee.setIntro(intro);
}
}
}
```

获取表单参数的其他方法：

```
//获取表单元素的所有名字,再获取表单参数的值
Enumeration<String> enumeration = request.getParameterNames();
while (enumeration.hasMoreElements()) {
    String parameterName = (String) enumeration.nextElement();
    System.out.println(parameterName+"====="+Arrays.toString(request.
    getParameterValues(parameterName)));
    //一次性获取表单元素的名字和值，将其封装在 Map 中
    Map<String,String[]> map = request.getParameterMap();
    Set<Entry<String,String[]>> entries = map.entrySet();
    for (Entry<String,String[]> entry : entries) {
    System.out.println(entry.getKey()+"====="+Arrays.toString(entry.
    getValue()));
}
```

获取请求消息头的其他方法如表 5.6 所示。

表 5.6　请求消息头获取方法

方法名称	返回类型	使用时机
getHeader(String name)	String	获取特定标头信息，回传值为一个字符串（String）
getHeaders(String name)	Enumeration	获取特定标头信息，回传值为“枚举”类型（Enumeration）的对象
getHeaderNames()	Enumeration	获取 HTTP 请求内所有的标头信息，回传值为“枚举”类型（Enumeration）的对象
getRequestURI()	String	获取请求的服务器资源路径
getRemoteAddr()	String	获取客户端的 IP 地址
getRealPath(String)	String	获取指定相对目录的真实物理地址
getServletContext()	ServletContext	获取 ServletConfig 对象
getServletPath()	String	获取 Servlet 配置在 web.xml 中的地址

5. HttpServletResponse

Servlet 容器接收到 HTTP 后，Servlet 容器将会传递一个 HttpServletResponse 对象到所访问 Servlet 的 Service 方法，在 Service 方法中可以往 HttpServletResponse 对象上放一些要发送给客户端的信息。

```
//如果向客户端输出中文内容，为防止乱码则必须指定编码方式
response.setContentType("text/html;charset=utf-8");
PrintWriter printWriter = response.getWriter();
printWriter.println("这是返回给客户端的内容");
```

设置响应头和响应编码。

```
response.setHeader("Location", "http://localhost/docs");
response.setStatus(307)
```

5.4.2 Servlet 的使用

1. 基于 Servlet 的 CRUD 实现

使用 Servlet 完成一个 CRUD，在这个过程中可以达到熟练使用 Servlet 的基本功能。

（1）Employee 业务对象。

```
public class Employee {
private String id;                    //使用隐藏域 type="hidden"
private String name;                  //文本框
private String neName;                //文本框
private String pwd;                   //密码框
private String sex;                   //单选
private List<String> hobby;           //复选框
private String department;            /部门，select 下拉框
private List<String> skills;          //技能，多选的 select 下拉框
private String intro;                 //文本域//getter 和 setter 方法省略
}
```

（2）IEmployeeDAO。

```
public interface IEmployeeDAO {
/**
* employee 包含一个 UUID 生成的字符串,作为 employee 节点的 id 属性值
*/
void add(Employee employee);
/**
* 删除一个 Employee
*/
void remove(String id);
/**
* 更新一个 Employee
*/
void update(String id,Employee newEmployee);
/**
* 根据 id 得到对应的 Employee
*/
Employee get(String id);
/**
* 得到 XML 中所有的 employee 节点对应的 employee 对象
*/
List<Employee> list();
}
```

（3）EmployeeDAOImpl。

```
public class EmployeeDAOImpl implements IEmployeeDAO {
    //参考 Day2 XML 的 Employee 的 CRUD 实现
}
```

（4）SaveServlet。

通过表单页面将表单中的数据提交到 SaveServlet 中，而 SaveServlet 接收表单中的数据封装对象，然后通过 DAO 中的 save 方法将数据保存到 XML 文件中。

表单页面：

```
<html>
<head>
<meta http-equiv="Content-Type" content="text/html; charset=UTF-8">
<title>Employee 的表单页面</title>
</head>
<body>
    <form action="/api" method="post">
    <input type="hidden" value="111" name="id">
    姓名:<input type="text" name="name"/><br/>
    昵称:<input type="text" name="neName"/><br/>
    密码:<input type="password" name="pwd"/><br/>
    性 别 : 男 :<input type="radio" name="sex" value="男" checked='
    checked'> 女 :<input type="radio" name="sex" value="女"><br/>
    爱好: 打篮球:<input type="checkbox" name="lovers" value="打篮球"
    checked="checked">
    踢足球:<input type="checkbox" name="lovers" value="踢足球"checked=
    "checked">
    听音乐:<input type="checkbox" name="lovers" value="听音乐">
    看电影:<input type="checkbox" name="lovers" value="看电影"><br/>
    部门: <select name="department">
        <option value="">所有部门</option>
        <option value="开发部">开发部</option>
        <option value="测试部" selected="selected">测试部</option>
        <option value="销售部">销售部</option>
        <option value="售后部">售后部</option>
        </select> <br/>
    技能: <select name="skills" multiple="multiple" size="5">
        <option value="java">java</option>
        <option value=".net">.net</option>
        <option value="C">C</option>
        <option value="C++">C++</option>
        <option value="C#">C#</option>
        </select> <br/>
    简介:<textarea rows="" cols="" name="intro"></textarea><br/>
        <input type="submit" value="提交" />
    </form>
```

```
</body>
</html>
```

源文件 SaveServlet.java，代码如下：

```
public class SaveServlet extends HttpServlet {
    private IEmployeeDAO employeeDAO = new EmployeeDAOImpl();
    protected void service(HttpServletRequest request, HttpServlet
    Response response) throws IOException,ServletException{
        request.setCharacterEncoding("UTF-8");
        response.setContentType("text/html;charset=utf-8");
        //>>1. 接收请求中的内容，封装到 employee 对象中
        Employee employee = new Employee();
        String name = request.getParameter("name");
        if(hasLength(name)){
            employee.setName(name) ;
        }
        String neName = request.getParameter("neName");
        if(hasLength(neName)){
            employee.setNeName(neName);
        }
        String pwd = request.getParameter("pwd");
        if(hasLength(pwd)){
            employee.setPassword(pwd);
        }
        String sex = request.getParameter("sex");
        if(hasLength(sex)){
            employee.setSex(sex);
        }
        String[] hobby = request.getParameterValues("hobby");
        if(hobby!=null){
            employee.setHobby(Arrays.asList(hobby));
        }
        String department = request.getParameter("department");
        if(hasLength(department)){
            employee.setDepartment(department);
        }
        String[] skills = request.getParameterValues("skills");
        if(skills!=null){
            employee.setSkills(Arrays.asList(skills));
        }
        String intro = request.getParameter("intro");
        if(hasLength(intro)){
            employee.setIntro(intro);
        }
        employee.setId(UUID.randomUUID().toString());//提前设置好 id 的值
        employeeDAO.add(employee);
```

```
        PrintWriter pw = response.getWriter();
        pw.println("添加成功....<a href='/list'>列表</a>");
    }
private boolean hasLength(String str) {
        return str!=null&&!"".equals(str);
    }
}
```

需要在 web.xml 中给该 SaveServlet 配置一个路径：

```
<servlet-mapping>
    <servlet-name>SaveServlet</servlet-name>
    <url-pattern>/save</url-pattern>
</servlet-mapping>
```

（5）ListServlet。

ListServlet 调用 DAO 中的 list 方法，从而获取所有 XML 中的数据，以 list 的形式返回，并且 list 中的每个元素都封装了每个 employee 节点中的数据，然后将这些数据通过表格的形式输出。

```
public class ListServlet extends HttpServlet {
    private IEmployeeDAO employeeDAO = new EmployeeDAOImpl();
    protected void service(HttpServletRequest request, HttpServlet
    Response response) throws IOException,ServletException {
         response.setContentType("text/html;charset=utf-8");
        //获取输出对象
        PrintWriter pw = response.getWriter();
        //打印列表表头
        pw.println("<table border='1' width='90%'>");
        pw.println("<tr>");
        pw.println("<th>姓名</th>");
        pw.println("<th>昵称</th>");
        pw.println("<th>性别</th>");
        pw.println("<th>爱好</th>");
        pw.println("<th>技能</th>");
        pw.println("<th>简介</th>");
        pw.println("<th>操作</th>");
        pw.println("</tr>");
        //得到已有的员工列表
        List<Employee> list = employeeDAO.list();
        //遍历员工列表
        for (Employee employee : list) {
            //打印每一行员工信息表格
            pw.println("<tr>");
            pw.println("<td>"+employee.getName()+"</td>");
            pw.println("<td>"+employee.getNeName()+"</td>");
            pw.println("<td>"+employee.getSex()+"</td>");
```

```
            pw.println("<td>"+employee.getHobbies()+"</td>");
            pw.println("<td>"+employee.getSkills()+"</td>");
            pw.println("<td>"+employee.getIntro()+"</td>");
            //添加对每一个员工的操作超链接
            pw.println("<td><a href='/remove?id="+employee.getId()+"'>
删 除 </a> <a href='/edit?id="+employee.getId()+"'>修改</a></td>");
            pw.println("</tr>");
        }
        pw.println("</table>");
    }
}
```

该 Servlet 在 web.xml 中的配置：

```
<servlet>
    <servlet-name>ListServlet</servlet-name>
    <servlet-class>cn.itsource.www.servlet.ListServlet</servlet-class>
</servlet>
<servlet-mapping>
    <servlet-name>ListServlet</servlet-name>
    <url-pattern>/list</url-pattern>
</servlet-mapping>
```

（6）RemoveServlet。

在 ListServlet 的响应页面中可以通过删除连接删除该行在 XML 中对应的节点数据。请求该连接的时候需要传入一个要删除的节点 id。如：

让 RemoveServlet 接收到这个 id 后传入 DAO 中的 remove 方法，让 DAO 将 id 对应的节点删除。

```
http://localhost:8080/remove?id=f46d7539-9f71-4bb5-a43b-1ecc57e52720
```

RemoveServlet：

```
public class RemoveServlet extends HttpServlet {
    private IEmployeeDAO employeeDAO = new EmployeeDAOImpl();
    protected void service(HttpServletRequest request,HttpServlet
    Response response) throws IOException,ServletException{
        request.setCharacterEncoding("UTF-8");
        response.setContentType("text/html;charset=utf-8");
        //得到传入的 id，就是要删除 Employee 的 id
        String id = request.getParameter("id");
        employeeDAO.remove(id);
        PrintWriter pw = response.getWriter();
        pw.println("删除成功...<a href='/list'>列表</a>");
    }
}
```

RemoveServlet 在 web.xml 中的配置：

```
<servlet>
    <servlet-name>RemoveServlet</servlet-name>
    <servlet-class>cn.itsource.www.servlet.RemoveServlet</servlet-class>
</servlet>
<servlet-mapping>
    <servlet-name>RemoveServlet</servlet-name>
    <url-pattern>/remove</url-pattern>
</servlet-mapping>
```

（7）EditServlet。

在 ListServlet 的响应页面中，可以通过编辑链接回显该行在 XML 中对应的节点数据，并将这些数据回显在 HTML 中。同时，需要在回显的 HTML 中通过一个隐藏域存储该节点的 id，为了修改回显页面中的数据后更新这些数据到该 id 对应的节点上。请求该链接的时候需要传入一个需要的节点 id，如 http://localhost:8080/edit?id=f46d7539-9f71-4bb5-a43b-1ecc57e52720。

```
public class EditServlet extends HttpServlet {
    private IEmployeeDAO employeeDAO = new EmployeeDAOImpl();
    protected void service(HttpServletRequest request, HttpServlet
    Response response) throws IOException,ServletException{
       request.setCharacterEncoding("utf-8");
       response.setContentType("text/html;charset=utf-8");
       //得到要修改的员工 id
       String id = request.getParameter("id");
       Employee employee = employeeDAO.get(id);
       PrintWriter pw = response.getWriter();
       //输出显示准备修改的员工的表单信息
       pw.println("<form action='/update' method='post'>");
       //输出一个隐藏域，保存当前正在修改的员工的 id
       pw.println("<input type='hidden' name='id' value='"+employee.
getId()+"'/><br/>");
       //把当前修改的员工的数据一次设置到对应的表单域中
       pw.println(" 姓 名 :<input type='text' name='name' value='
       "+employee.getName()+"'/><br/>");
       pw.println(" 昵 称 :<input type='text' name='neName' value='
       "+employee.getNeName()+"'/><br/>");
       pw.println(" 密 码 :<input type='password' name='pwd' value='
       "+employee.getPassword()+"'/><br/>");
       if("男".equals(employee.getSex())){
          pw.println(" 性 别 : 男 :<input type='radio' value='男' name
          ='sex' checked='checked'>女:<input type='radio' value='女'
```

```
        name='sex'><br/>");
    }else{
        pw.println("性别: 男:<input type='radio' value='男' name=
        'sex'>女:<input type='radio' value='女' name='sex' checked='
        checked'><br/>");
    }
    pw.println("爱好: 打篮球:<input type='checkbox' value='打篮球'"+
    checkLovers(employee,"打篮球")+" name='lovers'> 踢足球:<input
    type='checkbox' value='踢足球' "+checkLovers(employee, "踢足球")
    +" name='lovers'> 听音乐:<input type='checkbox' value='听音乐' "+
    checkLovers(employee, "听音乐")+" name='lovers'> 看电影:<input type=
    'checkbox' value='看电影' "+checkLovers(employee, "看电影" name=
    'lovers')+"><br/>");
    String department = employee.getDepartment();
    pw.println("部门: <select name='department'>");
    List<String> depts=new ArrayList<String>();
    depts.add(department);
    pw.println("<option value=''"+("".equals(department)?"selected=
    'selected'":"")+">所有部门</option>");
    pw.println(checkOptions(depts,"开发部"));
    pw.println(checkOptions(depts,"测试部"));
    pw.println(checkOptions(depts,"销售部"));
    pw.println(checkOptions(depts,"售后部"));
    pw.println("</select> <br/>");
    pw.println("技能: <select name='skills' multiple='multiple'
    size='5'>");
    pw.println(checkOption(employee.getSkill(),"java"));
    pw.println(checkOption(employee.getSkill(),".net"));
    pw.println(checkOption(employee.getSkill(),"C"));
    pw.println(checkOption(employee.getSkill(),"C++"));
    pw.println(checkOption(employee.getSkill(),"C#"));
    pw.println("</select> <br/>");
    pw.println("简 介 :<textarea rows='' cols='' name='intro'>"+
    employee.getIntro()+"</textarea><br/>");
    pw.println("<input type='submit' value='提交'>");
    pw.println("</form>");
    }
    //用于检查下拉列表值是否应该选中的方法，根据传入的列表去判断值是否在列表
    //中，如果存在，则该选项处于选择状态，可以用来统一判断技能和部门
    private String checkOption(List<String> opts,String value){
        return "<option value='"+value+"'"+(opts.contains(value)?"
        selected='selected'":"")+">"+value+"</option>";
    }
```

```
        //用于检查爱好的方法，根据传入的爱好，判断是否要选中
        private String checkHobbies(Employee e,String hobby){
        if(e.getHobbies().contains(hobby)){
            return "checked='checked'";
        }
        return "";
    }
}
```

（8）UpdateServlet。

通过回显表单页面将回显表单中的数据提交到 UpdateServlet 中，而 UpdateServlet 接收表单中的数据封装对象，并且接收到该表单隐藏域中的 id，然后通过 DAO 中的 update 方法将数据更新到 id 对应的 employee 节点中。

```
public class UpdateServlet extends HttpServlet {
    private IEmployeeDAO employeeDAO = new EmployeeDAOImpl();
    protected void service(HttpServletRequest request,
    HttpServletResponse response) throws IOException,ServletException{
        request.setCharacterEncoding("UTF-8");
        response.setContentType("text/html;charset=utf-8");
        String id = request.getParameter("id");
                                            //需要修改的那个 employee 节点
        // >>1. 接收请求中的内容，封装到 employee 对象中
        Employee employee = new Employee();
        String name = request.getParameter("name");
        if (hasLength(name)) {
            employee.setName(name);
        }
        String neName = request.getParameter("neName");
        if (hasLength(nickName)) {
            employee.setNeName(neName);
        }
        String pwd = request.getParameter("pwd");
        if (hasLength(pwd)) {
            employee.setPassword(pwd);
        }
        String sex = request.getParameter("sex");
        if (hasLength(sex)) {
            employee.setSex(sex);
        }
        String[] hobby = request.getParameterValues("hobby");
        if (hobby != null) {
            employee.setHobbies(Arrays.asList(hobby));
        }
```

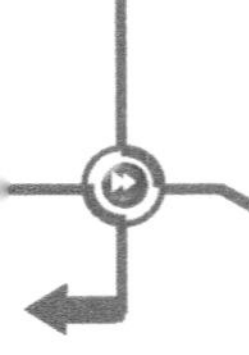


```
        String department = request.getParameter("department");
        if (hasLength(department)) {
            employee.setDepartment(department);
        }
        String[] skills = request.getParameterValues("skills");
        if (skills != null) {
            employee.setSkills(Arrays.asList(skills));
        }
        String intro = request.getParameter("intro");
        if (hasLength(intro)) {
            employee.setIntro(intro);
        }
        employeeDAO.update(id, employee);
        PrintWriter pw = response.getWriter();
        pw.println("修改成功... <a href='/list'>返回列表</a>");
    }
    privte boolean hasLength(String str) {
        return str != null && !"".equals(str);
    }
}
```

2. Servlet 映射细节

同一个 Servlet 可以被映射到多个 URL 上：

```
<servlet-mapping>
    <servlet-name>MappingServlet</servlet-name>
    <url-pattern>/mapping01</url-pattern>
    <url-pattern>/mapping02</url-pattern>
    <url-pattern>/mapping03</url-pattern>
</servlet-mapping>
```

MappingServlet 被映射到 3 个地址上，通过以下 3 个地址都可以访问到该 Servlet。

```
http://localhost:8080/mapping01
http://localhost:8080/mapping02
http://localhost:8080/mapping03
```

Servlet 可以使用通配符做统一匹配：

在 Servlet 映射的 URL 中也可以使用通配符*，只能有两种固定的格式：一种格式是以正斜杠（/）开头并以“/*”结尾，另一种格式是“*.扩展名”。

```
<servlet-mapping>
    <servlet-name>MappingServlet</servlet-name>
    <url-pattern>/day7/*</url-pattern>
    <url-pattern>*.action</url-pattern>
</servlet-mapping>
```

上面的配置说明：只要是.action 结尾的地址或者是 day7 开头的地址，都可以访问到该 Servlet。示例如下：

```
http://localhost:8080/abc/asd/fad/fa/df.action
http://localhost:8080/xxx.action
http://localhost:8080/day7/asda/f/a/df/ad/f
http://localhost:8080/day7
```

3. Servlet 线程安全

Servlet 体系结构建立在 Java 多线程机制之上，它的生命周期由 Web 容器负责。在 Servlet 对象缓冲池中，同一个 Servlet 只存在一个实例。当两个或多个线程同时访问同一个 Servlet 时，会发生多个线程同时访问同一资源的情况，这样可能会使数据变得不一致。因此，在用 Servlet 构建的 Web 应用时如果不注意线程安全问题，会导致所写的 Servlet 程序有难以发现的错误。

以下代码存在线程安全问题：

```
public class SafeServlet extends HttpServlet {
    private String name = null;
    protected void service(HttpServletRequest request, HttpServlet
    Response response) throws IOException,ServletException{
    request.setCharacterEncoding("UTF-8");
    response.setContentType("text/html;charset=utf-8");
    name = request.getParameter("name");
    try {
          //模拟网络缓慢
          Thread.sleep(1000*2);
    } catch (InterruptedException e) {
          e.printStackTrace();
    }
    response.getWriter().println("你输入的名字为: "+name);
    }
}
```

因为 Servlet 是单例的，所有成员变量 name 在内存中也只有一个。但是 service 方法要被多线程执行，所有不同的线程都会用到同一个空间，因此数据可能会被其他线程所修改。为了避免这个问题，请不要使用成员变量，而是使用局部变量代替。

4. Servlet 3.0 新特性

注解支持使得 web.xml 部署描述文件从该版本开始不再是必选的了。

支持注解的前提：web-app 的 metadata-complete 属性为 false，默认为 false。

```
<web-app xmlns=http://java.sun.com/xml/ns/javaee
xmlns:xsi=http://www.w3.org/2001/XMLSchema-instance
xsi:schemaLocation=http://java.sun.com/xml/ns/javaee
http://java.sun.com/xml/ns/javaee/web-app_3_0.xsd version="3.0"
```

```
metadata-complete="false">
</web-app>
```

编译的.class 必须输出到 WEB-INF/classes 下面。

```
/**
* 直接在 Servlet 类上使用@WebServlet 标签即可达到在 web.xml 中配置 servlet
相同的效果
* 参数:
* * value: 给该 Servlet 指定 url,一般情况下使用 value
* * name: 指定 Servlet 的名字,如果没有写名字,则使用 servlet 的类名作为名称
* * urlPatterns: 给 Servlet 指定 url,可以传入一个字符串数组,来映射多个 url
格式
* * loadOnStartup: 相当于 web.xml 中的 loadOnStartup
* * initParams: 传入@WebInitParam 数组,相当于在 web.xml 中配置 initParam。
@WebInitParam 也可以单独标记在 Servlet 上。
*/
@WebServlet("/servlet300")
public class Servlet300 extends HttpServlet {
    public void init() throws ServletException {}
    protected void service(HttpServletRequest request, HttpServlet
    Response response) throws IOException,ServletException{}
}
```

5.4.3 Servlet 之间的通信

1. 共享控制

（1）请求转发。

一个 Servlet 接收到了请求，转发给另一个 Servlet 来负责部分或全部的请求处理。对于请求转发来说，这里强调的是 Request 对象，这两个 Servlet 使用的是同一个 Request 对象。

Servlet 使用 javax.servlet.RequestDispather.forward()方法来转发它所收到的 HTTP 请求。转发目标的 Servlet 负责生成响应结果,或将请求继续转发到另一个 Servlet。

第一个 Servlet 生成的 ServletRequest 和 ServletResponse 对象被传递给下一个 Servlet，如图 5.9 所示。

共享同一个上下文（Context）对象

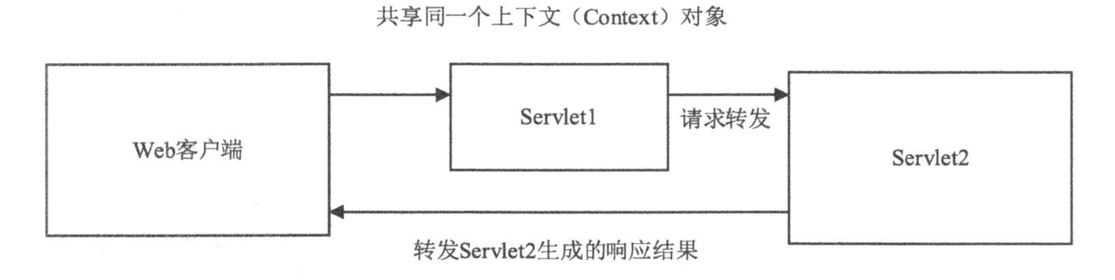

图 5.9　共享控制

主 Servlet：

```
@WebServlet("/servlet01")
public class Servlet01 extends HttpServlet {
protected void service(HttpServletRequest req, HttpServletResponse
resp) throws IOException,ServletException {
    //从 request 对象上得到一个请求的分发器,并且该分发器中包装了一个将要分发的地址
    RequestDispatcher dispatcher= req.getRequestDispatcher("/servlet2");
    //将请求转发给包装的资源路径
    dispatcher.forward(req,resp);
    }
}
```

从 Servlet：

```
@WebServlet("/servlet02")
    public class Servlet02 extends HttpServlet {
protected void service(HttpServletRequest request, HttpServlet
Response response) throws IOException,ServletException {
    String username = request.getParameter("username");
    }
}
```

请求转发还可以访问到 WEB-INF 下的资源：

```
@WebServlet("/servlet03")
public class Servlet03 extends HttpServlet {
    protected void service(HttpServletRequest request,
HttpServletResponse response) throws IOException,ServletException {
        request.getRequestDispatcher("/WEB-INF/webinfo.html").forward
        (request, response);
    }
}
```

（2）URL 重定向。

URL 重定向时第一次请求的响应码为 302 并且响应头中有 Location，由此浏览器将根据 Location 的地址发出第二次请求，如图 5.10 所示。

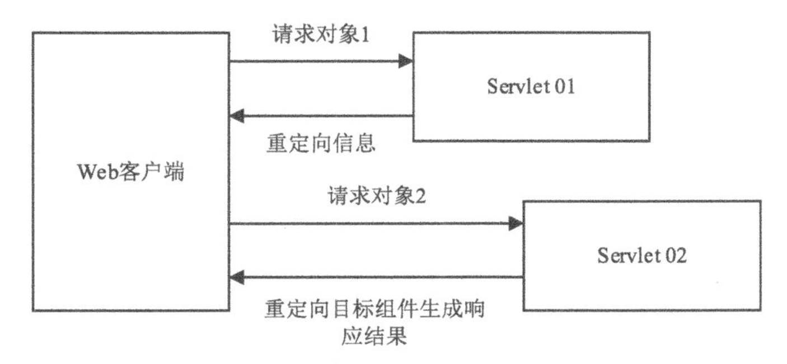

图 5.10 URL 重定向

主 Servlet：

```
@WebServlet("/urlredirect")
public class UrlRedirect extends HttpServlet {
    protected void service(HttpServletRequest request,HttpServlet
    Response response) throws IOException,ServletException{
        //如果不是以 http 开头，转发到当前项目中的资源
        response.sendRedirect("/targeturlredirect");
        //当 Location 的值以 http 开头,表示重定向到外部的一个资源
        //response.sendRedirect("http://www.baidu.com");
    }
}
```

（3）请求转发和 URL 重定向的区别。

请求转发和 URL 重定向在地址栏的变化、“/”的含义、可链接的资源、访问 WEB-INF 下的资源以及向服务器发出的请求数和共享信息这 5 个方面的区别如表 5.7 所示。

表 5.7　请求转发与 URL 重定向区别

项目	转发	重定向
地址栏的变化	在地址栏内看不见路径的变化，是在服务器端进行的	在地址栏内可以看见路径的变化，是在客户端进行的
“/”的含义	表示当前 Web 应用的根路径	Web 站点的服务器根路径，重定向的页面不局限于当前的 Web 应用，可以是外部的站点
可链接的资源	只能链接到当前 Web 应用的资源	当前 Web 应用的资源和外部的资源
访问 WEB-INF 下的资源	可以	不可以
向服务器发出的请求数和共享信息	一次请求，共享页面的 Request 对象	两次请求，不共享页面的 Request 对象

提 示

如果第二个 Servlet 不需要第一个 Servlet 接收的请求数据，那么 URL 重定向和请求转发都可以使用。

如果第二个 Servlet 要使用第一个 Servlet 接收的请求数据，那么必须使用请求转发，以保证两个 Servlet 共享一个 Request 对象。

（4）Include。

Servlet 类使用 RequestDispatcher.include()方法包含其他的 Web 组件。对于包含来说，这里强调的是 Response 对象，将响应输出的内容合并后输出，如图 5.11 所示。

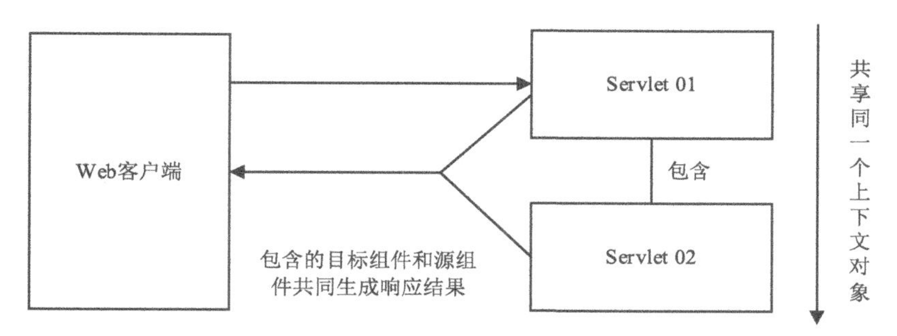

图 5.11　Include 方法工作原理

include1：

```
@WebServlet("/include1")
public class Include1Servlet extends HttpServlet{
    protected void service(HttpServletRequest request, HttpServlet
    Response response) throws IOException,ServletException {
        response.getWriter().println("Include1Servlet:"+request.
        getParameter("username")+"<br/>");
    }
}
```

include2：

```
@WebServlet("/include2")
public class Include2Servlet extends HttpServlet{
    protected void service(HttpServletRequest request, HttpServlet
    Response response) throws IOException,ServletException{
        response.getWriter().println("Include2Servlet:"+request.
        getParameter("username")+"<br/>");
    }
}
```

主 Servlet：

```
@WebServlet("/main")
public class MainServlet extends HttpServlet{
    protected void service(HttpServletRequest request, HttpServlet
    Response response) throws IOException,ServletException {
        request.getRequestDispatcher("/include1").include(request,
        response);
        response.getWriter().println("MainServlet:"+request.
        getParameter("username")+"<br/>");
        request.getRequestDispatcher("/include2").include(request,
        response);
    }
}
```

2. 共享信息

在一个综合的 Web 应用系统中，各组件之间通过共享对象的方式来交换数据，称为 Web 应用开发中的信息共享。

在 Java Web 应用中，通常使用 4 个共享对象（4 个作用域）：pageContext, request, session, servletContext。

共同点：存储方法相同。

- setAttribute(String name, Object value)。
- getAttribute(String name)。
- getAttributeNames()。
- removeAttribute(String name)。

区别：共享范围不同。

- pageContext(PageContext)：设定的对象在同一个页面中有效。
- request(HttpServletRequest)：设定的对象在一次请求中有效。
- session(HttpSession)：设定的对象在相同一次会话中有效。
- ServletContext(ServletContext)：设定的对象在整个 Web 应用的生命周期有效。

实例：

```
/*
* 对于 Request，只要有一个 Servlet 发回响应，该对象立马销毁
* Servlet 容器接收到客户发送的请求时会创建一个新的 Request 对象
*/
@WebServlet("/shareinfo")
public class ShareInfoServlet extends HttpServlet {
protected void service(HttpServletRequest request, HttpServlet
Response response) throws IOException,ServletException{
request.setCharacterEncoding("UTF-8");
        response.setContentType("text/html;charset=utf-8");
        //将信息放到 Request 中
        //request.getParameter(name) 只是用来取出 HTTP 请求中的参数信息，和
        request.getAttribute(name)不一样
       Integer numInRequest = (Integer) request.getAttribute("numIn
       Request");
       if(numInRequest==null){
           numInRequest=1;
       }else{
           numInRequest++;
       }
       request.setAttribute("numInRequest", numInRequest);
       //将信息放到 Session 中
       Integer numInSession = (Integer) request.getSession().getAttri
       bute("numInSession");
       if(numInSession==null){
       numInSession=1;
```

```
            }else{
                numInSession++;
            }
            request.getSession().setAttribute("numInSession",numInSession);
            //将信息放到 ServletContext 中
            Integer numInServletContext =(Integer)getServletContext().
            getAttribute("numInServletContext");
            if(numInServletContext==null){
                numInServletContext=1;
            }else{
                numInServletContext++;
            }
            getServletContext().setAttribute("numInServletContext", numIn
            ServletContext);
            //请求转发
            request.getRequestDispatcher("/showinfo").forward(request,
            response);
        }
    }
            pw.println("numInSession:"+request.getSession().getAttribute
            ("numInSession"));
            pw.println("<br/>");
            //只要服务器不重启，所有人都可以改变该值
            pw.println("numInServletContext:"+getServletContext().getAttri
            bute("numInServletContext"));
            pw.println("<br/>");
        }
    }
```

3. ServletContext 对象

Servlet 容器在启动时会自动加载 Web 应用，并为每个 Web 应用创建唯一的 ServletContext 对象。可以把 ServletContext 看作是一个 Web 应用服务器端的共享内存。在 ServletContext 中存放共享数据，有如下 4 个读取或是设置共享数据的方法。

- setAttribute(String name,Object value)。
- getAttribute(String name)。
- removeAttribute(String name)。
- getAttributeNames()。

获取 ServletContext 对象的 4 种方式：

```
    //1. 先得到 ServletConfig 对象,然后再得到 ServletContext
        ServletContext servletContext = getServletConfig().getServlet
        Context();
```

```
//2. 直接获取
    servletContext = getServletContext();
//3. 从 Session 对象中获取
    servletContext = request.getSession().getServletContext();
//4.可以直接从 Request 获取，只不过它是 3.0 的方法
    servletContext = request.getServletContext();
```

ServletContext 在服务器启动的时候被创建，那么可以提前通过 web.xml 配置一些全局的初始化参数。

```
<context-param>
    <param-name>encoding</param-name>
    <param-value>UTF-8</param-value>
</context-param>
<context-param>
    <param-name>dbfile</param-name>
    <param-value>/WEB-INF/db.properties</param-value>
</context-param>
```

ServletContext 对象提供了以下两个获取初始化参数的方法，如表 5.8 所示。

表 5.8　ServletContext 初始化参数方法

方法名称	回传类型	用途
getInitParameter(String name)	String	取得某个 Context 起始参数值
getInitParameterNames()	Enumeration	取得所有 Context 起始参数

ServletContext 中其他的方法演示：

```
//得到当前项目根目录的绝对路径
String rootPath = servletContext.getRealPath("/");
//获取配置 dbfile 的初始化参数为：/WEB-INF/db.properties
String dbfile = servletContext.getInitParameter("dbfile");
//得到传入文件的绝对路径
dbfile = servletContext.getRealPath(dbfile);
//根据相对路径得到一个输入流
InputStream is=servletContext.getResourceAsStream(dbfile);
//获取在 server.xml 中配置的<Context path 的值，就是项目的虚拟路径
String contextPath=servletContext.getContextPath();
```

【项目总结】

在本项目中，我们了解了 MVC 设计模式的核心部件由 Model, View 和 Controller 组成；理解了 JavaBean 属性、JSP 概念和原理；掌握了 JSP 基本语法和 Servlet 基础；同时还掌握了 JavaBean, JSP 异常处理机制和 Servlet 的应用。这些都是我们 Java Web 项目开发中必不可少的重要部分，MVC 的开发模式贯穿在整个工商职业购物中心项目的开发过程中。

【项目拓展】

拓展任务1：

（1）在Eclipse中创建一个名称为crud的Web项目。

（2）在Web项目的src目录下创建包cn.itsource.domain。

（3）在cn.itsource.domain包中定义ProductBean类，用于封装商品信息。

拓展任务2：

（1）创建一个JSP文件，命名为productList.jsp。

（2）在productList.jsp文件中需要使用页面指令显示商品列表。

拓展任务3：

（1）创建productEdit.jsp页面。

（2）在productList.jsp商品列表页面，为每个商品添加“编辑”链接，单击链接，页面跳转到商品编辑页面productEdit.jsp。

（3）为每个商品添加“删除”链接，单击该链接可以删除该商品。

项目6 购物中心项目之登录模块的实现

【项目概述】

通过前面的项目学习，我们已经掌握了 MVC 的开发模式，接下来，我们来学习登录模块的实现。

由于 HTTP 是一个无状态协议，因此在某个客户端向服务器端发出请求（Request）后，服务器端返回响应（Response），接着关闭链接。此时服务器端不再保留链接相关的信息。所以当再一次请求链接时，服务器并没有以前的链接信息，因此无法判断本次链接和之前的链接是否属于同一客户端。也就是说，Web 服务器无法跟踪客户端状态。在 Web 开发中，服务器跟踪用户信息的技术称为会话技术。在 Servlet 规范中，常用 Cookie 和 Session 完成会话跟踪。

“四川工商职业购物中心”登录模块如图 6.1 所示。基本功能为输入账号、密码和随机产生的验证码，并包含一个登录按钮。若账号和密码匹配，随机验证码也正确，就会顺利登录到购物中心的商品列表页面，如图 6.2 所示。

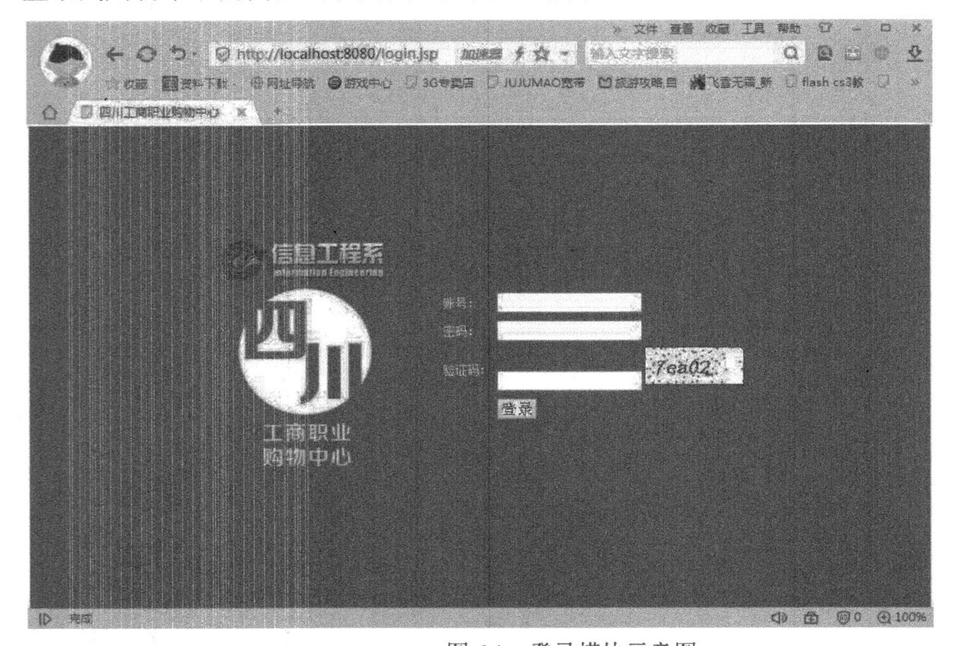

图 6.1　登录模块示意图

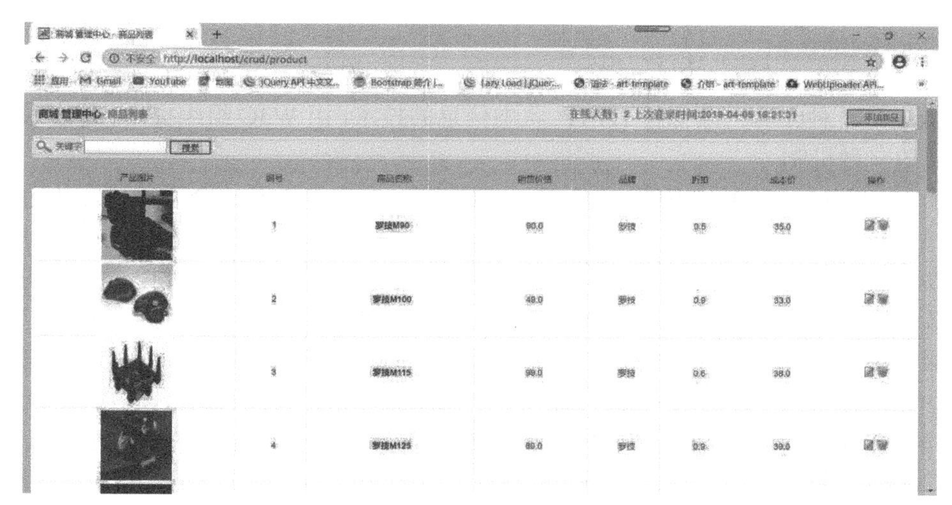

图 6.2　登录成功后的管理页面

【知识目标】

登录模块项目涉及 Cookie、Session、Listener 和 Filter 的应用，也就是会话（Cookie, Session）、监听器（Listener）和过滤器（Filter）。

6.1 登录模块中的 Cookie 实现

Cookie 是一种会话技术，也是存储在用户计算机上的小文件，用于将会话过程中的数据保存到用户的浏览器（用户客户端）中，可以由 Web 服务器或客户端浏览器访问，从而使浏览器和服务器可以更好地进行数据交互。

在工商职业购物中心项目中，Cookie 的创建代码如图 6.3 所示。

```
*LoginServlet.java
        System.out.println("user="+user);
        if(user!=null){
            /*
             * 设置cookie  设置登录时间
             */
            Date date = new Date();
            SimpleDateFormat sdf = new SimpleDateFormat("yyyy-MM-dd HH:mm:ss");
            Cookie[] cookies = req.getCookies();
            String oldTime = "";
            if(null!=cookies){
                for (Cookie cookie2 : cookies) {
                    if("oldTime".equals(cookie2.getName())){
                        oldTime = cookie2.getValue();
                    }
                }
            }
            Cookie cookie2 = new Cookie("oldTime", sdf.format(date));
            //本次登录时间，作为上次登录时间
            resp.addCookie(cookie2);
```

图 6.3　四川工商购物中心项目中的 Cookie

6.1.1 Cookie 的认识

Cookie 是一种在客户端保持 HTTP 状态信息的技术，由 W3C 组织提出，是由 Netscape 社区发展的一种机制。

由于 HTTP 是一种无状态的协议，服务器给每个客户端颁发一个通行证，从通行证上确认客户身份。在 Web 应用中，Cookie 实际上是一小段的文本信息，其功能类似于现实生活中购物消费使用的会员卡，当用户通过浏览器访问 Web 服务器时（类比客户在购物时），如果服务器需要记录该用户状态（如果商家需要记录客户信息），就使用 Response 向客户端浏览器颁发一个 Cookie（就给客户一个会员卡）。客户端浏览器会把 Cookie 放在一个浏览器缓冲区保存起来（并记录下会员信息）。当浏览器再请求该网站时（当客户再次在此购物时），浏览器把请求的网址连同该 Cookie 一同提交给服务器（客户出示会员卡）。服务器检查该 Cookie，以此来辨认用户状态（商家核实此会员卡信息以此来进行会员消费权益）。服务器还可以根据需要修改 Cookie 的内容（商家也可以修改会员卡信息）。

Cookie 的工作原理图如图 6.4 所示。

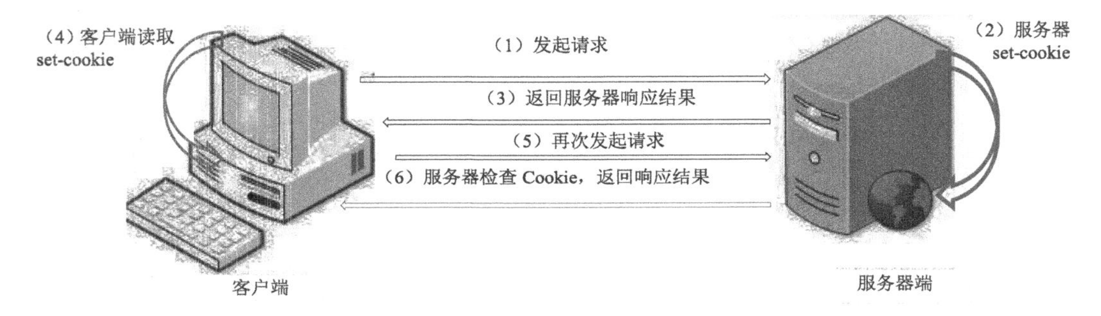

图 6.4 Cookie 的工作原理图

6.1.2 Cookie 的使用

一个 Cookie 只能记录一种信息，它至少含有一个标识信息的名称（name）和设置值（value）(key 和 value 是一对键值对)；一个 Web 站点可以给一个 Web 浏览器发送多个 Cookie，一个 Web 浏览器也可以存储多个站点所提供的 Cookie；浏览器一般最多能存入 300 个 Cookie，每个站点最多可以放 20 个 Cookie，每个 Cookie 大小限制在 4 KB。Cookie 的常用方法如表 6.1 所示。

表 6.1 Cookie 的常用方法

方法	描述
Cookie(String name, String value)	实例化 Cookie 对象，传入 cookie 名称和 cookie 的值
public String getName()	取得 Cookie 的名字

续表

方法	描述
public String getValue()	取得 Cookie 的值
public void setValue(String newValue)	设置 Cookie 的值
public void setMaxAge(int expiry)	设置 Cookie 的最大保存时间，即 Cookie 的有效期
public int getMaxAge()	获取 Cookie 的有效期
public void setPath(String uri)	设置 Cookie 的有效路径
public String getPath()	获取 Cookie 的有效路径
public void setDomain(String pattern)	设置 Cookie 的有效域
public String getDomain()	获取 Cookie 的有效域

1. 创建 Cookie

创建 Cookie 对象：new Cookie(name,value)；设置最大时效 setMaxAge(int age)；将 Cookie 放入到 HTTP 响应报头(Set-Cookie: key=value)。

```
String username = request.getParameter("username");
//创建一个 Cookie
Cookie cookie = new Cookie("username", username);
//将 Cookie 发送给浏览器
response.addCookie(cookie);
```

如果创建一个 Cookie，并将它发送到浏览器端，它默认是一个会话级别的 Cookie 并存储在浏览器的内存中，用户退出浏览器后被删除。若需要浏览器将该 Cookie 存储在磁盘中，那么需要使用 maxAge，参数为一个以秒为单位的时间。如果将 maxAge 设为 0，则命令浏览器删除该 Cookie。发送 Cookie 需要使用 HttpServletResponse 的 addCookie 方法，将 Cookie 插入一个 set-cookie 的 HTTP 响应报头中。

```
Cookie cookie = new Cookie("username", username);
/* 给一个 Cookie 设置了一个逾期的时间，那么该 Cookie 是一个持久化的 Cookie，该
Cookie 将会保存在浏览器所在的硬盘上，浏览器关闭后不会消失，只有超过了这个期限，浏览
器才不会发送该 Cookie */
cookie.setMaxAge(60*3);
response.addCookie(cookie);
```

2. 读取 Cookie

```
/* 因为保存在浏览器上的 Cookie 以请求头的形式发送，所以需要通过 reqeust 获取客户
端的 Cookie,如果没有 Cookie 发送过来 request.getCookies()返回 null*/
Cookie[] cookies = request.getCookies();
if(cookies!=null){
for (Cookie cookie : cookies) {
//得到一个 Cookie 的值
if("username".equals(cookie.getName())){
System.out.println((cookie.getValue());
break;}}}
```

3. 修改 Cookie

```
//修改指定名字的 Cookie,就是再向浏览器发送一个同名并且值不相同的 Cookie,让其覆盖
Cookie cookie = new Cookie("username","abc");
cookie.setMaxAge(60*3);
response.addCookie(cookie);
```

4. 删除 Cookie

```
//删除指定名字的 Cookie,就是再向浏览器发送一个同名并且失效的 Cookie,让其覆盖
Cookie cookie = new Cookie("username",null);
cookie.setMaxAge(0);
response.addCookie(cookie);
```

6.1.3 Cookie 的中文问题

因为 Cookie 数据传递是通过消息头的形式，而消息头中不能出现中文，所以在创建 Cookie 之前需要把数据编码成非中文。服务器接收浏览器发送的 Cookie 的值后再解码出中文。

（1）创建带有中文内容的 Cookie 方法。

```
/* 使用 URLEncoder.encode 方法把中文编码为 application/x-www-form-
urlencoded 格式*/
Cookie cookie = new Cookie("username", URLEncoder.encode(“中文”,
"UTF-8"));
```

（2）接收带有中文的 Cookie 方法。

```
//使用 URLDecoder 把 application/x-www-form-urlencoded 格式反编码
String value = URLDecoder.decode(cookie.getValue(),"UTF-8");
```

在工商职业购物中心项目中，中文乱码的解决方式如图 6.5 所示。

```
//为了解决cookie中文乱码问题,需要对中文进行加码处理，对应下面的解码
String encode = URLEncoder.encode(newTime,"utf-8");
if(null!=cookies){
    for (Cookie cookie2 : cookies) {
        System.out.println(cookie2.getName());
        if("oldTime".equals(cookie2.getName())){//说明不是第一次登录
            oldTime = cookie2.getValue();
            //读取每一个cookie的值--cookie值得读取
            cookie2.setValue(encode);
            //本次登录时间，作为上次登录时间--cookie的修改
        }else{//说明第一次登录
            Cookie cookie = new Cookie("oldTime", encode);
            //cookie的创建
            resp.addCookie(cookie);//向response中设置cookie
        }
    }
}
req.getSession().setAttribute("USER_IN_SESSION", user);//设置session
String decode = URLDecoder.decode(encode, "utf-8");//解码处理
req.getSession().setAttribute("OLDTIME_INSESSION", decode);
resp.sendRedirect("/product");
```

图 6.5　中文乱码的解决方式

6.2 登录模块中的 Session 实现

通过上一节的学习，我们得知 Cookie 可以将用户的信息保存在 Web 浏览器中，实现多次请求下的数据共享。但是如果信息传递得比较多，使用 Cookie 技术显然会增大服务器端程序处理的难度。此时，可以考虑用 Session 技术将会话数据保存到服务器端。

以四川工商职业购物中心项目为例，不同用户在购物时，登录页面的随机验证码类似于 SessionID，Session 运行原理图如图 6.6 所示。

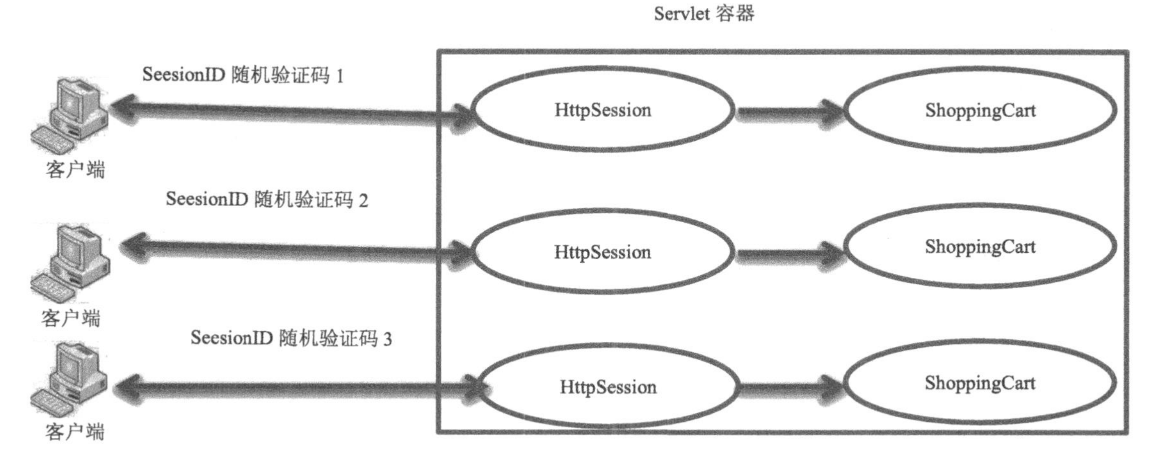

图 6.6　四川工商职业购物中心项目的 Session 运行原理图

6.2.1 Session 的认识

Session（会话控制）采用的是在服务器端存储特定用户会话所需的属性及配置信息的技术。当程序需要为某个客户端请求创建一个 Session 时，Servlet 容器会首先检查这个客户端的请求里是否已经包含了一个 Session ID（即 Session 标识）。如果已包含一个 Session 标识，说明之前已经为此客户端创建过相应的 Session，Servlet 容器会按照 Session ID 把这个 Session 检索出来使用；如果客户端请求不包含 Session ID，则为此客户端创建一个 Session 并且生成一个与此 Session 相关联的 Session ID（如果检索不到，可能会新建一个）。这个 Session ID 将在本次响应中被返回给客户端保存。由于客户端需要接收、记录和回送 Session 对象的 ID，因此，Session 机制一般是借由 Cookie 技术来传递 ID 属性的。

6.2.2 Session 的使用

1. 创建 Session

下面的代码是在服务器上创建一个空间，并为该内存空间生成一个唯一的 ID，放在 Cookie 中发送给客户端，通过 request.getSession()方法得到该请求所在的会话。默认情况下，如果当前请求没有在一个存在的会话下，则服务器会创建一个并返回。

```
HttpSession session = request.getSession();
System.out.println(session.getId());
session.setAttribute("user", user);
```

在四川工商职业购物中心项目中，Session 是通过随机验证码的形式创建的。

```
//把随机数放进 Session 中
req.getSession().setAttribute("RANDOMCODE_IN_SESSION", randomCode);
req.getSession().setAttribute("USER_IN_SESSION", user);
req.getSession().setAttribute("OLDTIME_INSESSION", oldTime);
```

2. 查看 Session 内容

下面通过 Request 的 getSession 方法得到该请求所在会话，通过 Session.getAttribute 方法得到在 Session 中对应该 key 的值。

```
HttpSession session = request.getSession();
User user = (User)session.getAttribute("user");
```

在四川工商职业购物中心项目中，查看 Session 的代码如下：

```
//从 Session 中获取用户信息
User sessionUser = (User)req.getSession().getAttribute("USER_IN_
SESSION");
```

3. 删除 Sesssion

```
HttpSession session = request.getSession();
httpSession.removeAttribute("user");//从 Session 中删除 user
httpSession.invalidate();//让 Session 失效
```

在四川工商职业购物中心项目中，删除 Session 的代码如下：

```
// 从 session 中移除对象
req.getSession().removeAttribute("USER_IN_SESSION");
```

6.2.3　Session 的超时管理

在网络上，Web 服务器无法判断当前客户端浏览器是否继续访问此服务器，也无法检测客户端浏览器关闭与否，因此，即使客户端浏览器已经关闭或退出此服务器端访问，Web 服务器也无从得知。此时，Web 服务器还要保留与客户端浏览器对应的 HttpSession 对象。而网络中不断增加的客户端访问，Web 服务器内存中将会积累起大量的不再被使用的 HttpSession 对象，最终导致服务器内存耗尽。

因此，Web 服务器采用“超时限制”的方案来判断客户端是否还在继续访问。若某个客户端在一定的时间内没有发出任何后续请求，Web 服务器则认为该客户端已经退出此服务端访问，同时结束与该客户端的会话，并设置与此对应的 HttpSession 对象失效。

若客户端浏览器超出限定的时间后再次发出访问请求，Web 服务器也会认为这是一个新会话的开始，并将为之创建新的 HttpSession 对象和分配新的会话标识。

可以通过 3 种方式设置 Session 的超期时间。

1. 在 web.xml 中设置

```
<!--session-config 包含一个子元素 session-timeout，限定超时时间为 6 分钟-->
<session-config>
<session-timeout>6</session-timeout>
</session-config>
```

2. 使用 session.setMaxInactiveInterval（秒）设置

注意在方法 1 和方法 2 同时使用的时候，setMaxInactiveInterval 的优先级高，如果 setMaxInactiveInterval 没有设置，则默认超时时间是 session-config 中设置的时间。setMaxInactiveInterval 设置的是当前会话失效时间，不是整个 Web 服务的超时时间。setMaxInactiveInterval 的参数是秒，session-config 是分钟。如果当前项目的 web.xml 中没有设置 Session 的超期时间，默认使用 tomcat/conf/web.xml 中的配置。

3. 禁用 Cookie 时使用 Session

由于 Cookie 可以被客户端禁止使用，因此需要有其他机制以便在 Cookie 被禁用时仍然能够在服务器和客户端之间传递 SessionID。URL 重写技术就是经常被使用的一种技术，即把 SessionID 直接附加在 URL 路径的后面。如下所示：

```
http://.../xxx;jsessionid=ByOK3vjFD75aPnrF7C2HmdnV6QZcEbz
```

也可以通过查询字符串附加 jsessionid 信息在 URL 后面。

在四川工商职业购物中心项目中，Session 的超时管理采用的是第二种方法 setMaxInactiveInterval 实现。

```
//设器 session 的过期时间 1800s
arg0.getSession().setMaxInactiveInterval(1800);
```

6.3 登录模块中的 Filter 实现

为了实现某些特殊功能，在 Web 开发过程中，经常需要对请求和响应消息进行相关处理。例如，记录用户的访问信息、验证用户的访问身份、统计页面的访问次数等。作为 Servle t2.3 中新增的技术，Filter（过滤器）可以实现用户在访问某个目标资源之前，对访问的请求和响应进行相关处理。

在工商职业购物中心项目中，过滤器代码如下：

```
@WebFilter(
        filterName="/loginFilter",
        urlPatterns="/*"
        )
public class LoginFilter implements Filter {
    public LoginFilter() {}
        public void destroy() {}
public void doFilter(ServletRequest request, ServletResponse response,
FilterChain chain) throws IOException, ServletException {
    request.setCharacterEncoding("UTF-8");
    //强转 request,response 对象
    HttpServletRequest httpRequest = (HttpServletRequest)request;
    HttpServletResponse httpResponse = (HttpServletResponse)response;
    //获取访问的资源路径
    String resourcePath = httpRequest.getRequestURI();
    //"/login.jsp".equals(resourcePath) || "/login".equals(resourcePath)
    if(resourcePath!=null &&
            (resourcePath.contains("/login") ||
            resourcePath.contains("/randomCode") ||
            resourcePath.contains("/cart") ||
            resourcePath.contains("/index") ||
            resourcePath.endsWith(".css") ||
            resourcePath.endsWith(".png") ||
            resourcePath.endsWith(".gif") ||
            resourcePath.endsWith(".ico") ||
            resourcePath.endsWith(".jpg"))){
        //放行到目标地址
        chain.doFilter(request, response);
    }else{
        System.out.println(resourcePath);
        //从 session 中获取用户信息
        HttpSession session = httpRequest.getSession();
        User user = (User)session.getAttribute("USER_IN_SESSION");
        //判断是否登录
        if(user!=null){
```

```
                //如果不为空，则放行到目标地址
                chain.doFilter(request, response);
            }else{
                //如果为空，则跳转到登录页面
                httpResponse.sendRedirect("/login.jsp");
            }
        }
    }

    public void init(FilterConfig fConfig) throws ServletException {
    }
}
```

6.3.1 Filter 的认识

Filter（过滤器）是一个程序，它优先于 Servlet 或 JSP 页面运行在服务器上，且 Filter 可附加到一个或多个 Servlet 或 JSP 页面上，同时还可以检查进入这些资源的请求信息。

此后，Filter 可以做如下的选择：①以常规的方式调用资源（即调用 Servlet 或 JSP 页面）；②利用修改过的请求信息调用资源；③调用资源，但在发送响应到客户机前对其进行修改；④阻止该资源调用，代之以转到其他的资源并返回一个特定的状态代码或生成替换输出。

过滤器工作原理图如图 6.7 所示。

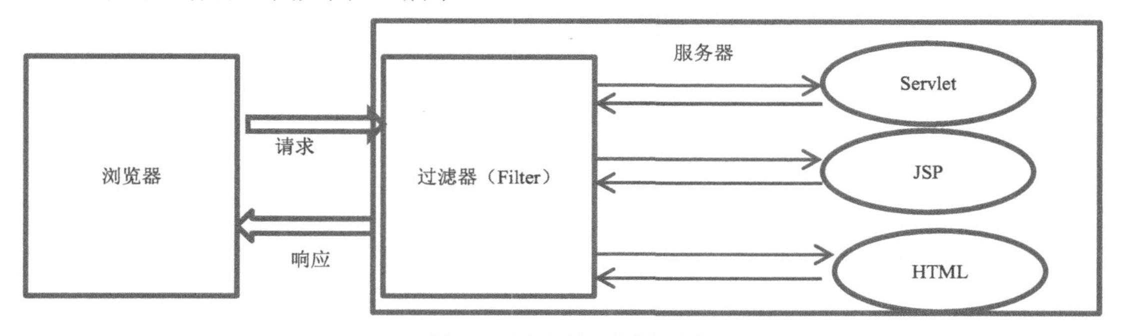

图 6.7 过滤器工作原理图

6.3.2 Filter 的应用示例

Filter 过滤器是一个实现了 javax.servlet.Filter 接口的类，在 javax.servlet.Filter 接口中定义了 3 个方法，如表 6.2 所示。

表 6.2 Filter 接口中的方法

方法声明	功能描述
init(FilterConfig filterConfig)	初始化过滤器，完成与构造方法类似的初始化功能，如果要在初始化代码中使用 FilterConfig 对象，那么，这些初始化代码就只能在 Filter 的 init()方法中编写，而不能在构造方法中编写

续表

方法声明	功能描述
doFilter(ServletRequest request,ServletResponse response,FilterChain chain)	request 和 response 参数为 Web 服务器或 Filter 链中的上一个 Filter 传递过来的请求和响应对象；chain 参数代表当前 Filter 链的对象，在当前 Filter 对象中的 doFilter()方法内部需要调用 FilterChain 对象的 doFilter()方法，才能把请求交付给 Filter 链中的下一个 Filter 或者目标程序去处理
destroy()	此方法在 Web 服务器卸载 Filter 对象之前被调用，用于释放被 Filter 对象打开的资源，例如关闭数据库和 IO 流

表 6.2 中的 3 个方法都是 Filter 的生命周期方法，其中 init()方法在 Web 应用程序加载的时候调用，destroy()方法在 Web 应用程序卸载的时候调用，这两个方法都只会被调用一次，而 doFilter 方法只要有客户端请求就会被调用，并且 Filter 所有的工作都集中在 doFilter()方法中。

1. 字符编码的过滤器

在 web.xml 中设置是否强制进行编码，如果不强制编码，在 request 之前设置了编码，则过滤器不需要再次设置编码。

```
public class CharactorEncodingFilter implements Filter {
private String encoding;
//1. true，不管该过滤器接收的 request 是否设置了编码，都将设置成提供的编码
//2. false，当该过滤器接收到的 request 没有设置编码时，才设置成提供的编码
private Boolean force;
@Override
public void init(FilterConfig filterConfig) throws ServletException
{
encoding = filterConfig.getInitParameter("encoding");
if(encoding==null||"".equals(encoding)){
encoding="GB2312";
}
//当用户没有配置 force 初始化参数时,默认为 false
String forceStr = filterConfig.getInitParameter("force");
if(forceStr==null || "".equals(forceStr)){
forceStr="false";
}
force = Boolean.parseBoolean(forceStr);
}
public void doFilter(ServletRequest request, ServletResponse
response, FilterChain chain) throws IOException, ServletException {
//1.该编码可以通过 web.xml 的初始化参数配置
if(force || request.getCharacterEncoding()==null){
request.setCharacterEncoding(encoding);
}
```

```
chain.doFilter(request, response);
}
public void destroy() {
}}
```

在 web.xml 中的配置。

```
<filter>
<filter-name>CharactorEncodingFilter</filter-name>
<filter-class>cn.sctbcxx.filter.CharactorEncodingFilter</filter-
class>
<init-param>
<param-name>encoding</param-name>
<param-value>GB2312</param-value>
</init-param>
<init-param>
<param-name>force</param-name>
<param-value>true</param-value>
</init-param>
</filter>
<filter-mapping>
<filter-name>CharactorEncodingFilter</filter-name>
<url-pattern>/*</url-pattern>
</filter-mapping>
```

2. 检测用户是否登录过滤器

将不需要参与过滤器检查用户登录的请求地址配置在 web.xml 中，代码如下：

```
public class LoginCheckFilter implements Filter {
private String[] checkUrls;
public void init(FilterConfig filterConfig) throws ServletException
{
// 读取在 web.xml 中配置的不检查请求链接
checkUrls = filterConfig.getInitParameter("checkUrls").split(",");
}
public void doFilter(ServletRequest request, ServletResponse
response,
FilterChain chain) throws IOException, ServletException {
// 1.检查 session 中是否有用户
HttpServletRequest httpServletRequest = (HttpServletRequest)
request;
// 如果请求的地址不需要进行用户登录状态检查,那么就直接去访问这些资源
String requestUrl = httpServletRequest.getRequestURI();
if (!checkUrl(requestUrl)) {
chain.doFilter(httpServletRequest, response);
return; // 不忘记 return
}
```

```
HttpSession session = httpServletRequest.getSession();
User user = (User) session.getAttribute("user");
// 2. 如果登录,就去找需要的资源
if (user != null) {
chain.doFilter(httpServletRequest, response);
} else {
// 3.如果没有登录格式就直接转到 login.html
request.getRequestDispatcher("/login.html").forward(httpServletRequest,
response);
}}
public void destroy() {}
/**
* 检查请求的地址是否存在于配置参数中
* @param url
* @return
*/
public Boolean checkUrl(String url) {
for (String nocheckUrl : checkUrls) {
if (nocheckUrl.equals(url)) {
return true;}}
return false;}}
```

在 web.xml 中的配置。

```
<filter>
<filter-name>LoginCheckFilter</filter-name>
<filter-class>cnsctbcxx.filter.CheckLoginFilter</filter-class>
<init-param>
<param-name>checkUrls</param-name>
<param-value>/function/main.jsp,/function/function1.jsp,/function/
function2.jsp,/funct
ion/function3.jsp</param-value>
</init-param>
</filter>
<filter-mapping>
<filter-name>LoginCheckFilter</filter-name>
<url-pattern>/*</url-pattern>
</filter-mapping>
```

6.4 登录模块中的 Listener

在工商职业购物中心项目中，监听器用于监听 Session 的创建和销毁，并统计在线人数。代码图如图 6.8 所示。

```
import javax.servlet.http.HttpSessionEvent;

public class CountListener implements HttpSessionListener{

    public int count = 0;//统计在线人数

    @Override
    public void sessionCreated(HttpSessionEvent arg0) {
        count++;
        //监听Session的创建
        System.out.println("监听器sessionCreated");
        //设置Session的过期时间1800s
        arg0.getSession().setMaxInactiveInterval(1800);
        //放入Session
        arg0.getSession().getServletContext().setAttribute("count", count);
    }
    @Override
    public void sessionDestroyed(HttpSessionEvent arg0) {
        count--;
        //监听Session的销毁
        System.out.println("监听器sessionDestroyed");
        arg0.getSession().getServletContext().setAttribute("count", count);
    }}
```

图 6.8　Listener 代码图

6.4.1　Listener 的认识

和 Java 的 GUI 中的事件监听器类似，Listener（监听器）是指对整个 Web 环境的监听。当被监视的对象（ServletContext）情况发生改变时（如生命周期改变，setAttribute 属性设置），立即调用相应的方法进行处理。Servlet 事件监听器可以监听 ServletContext, HttpSession 和 ServletRequest 等域对象的创建和销毁过程，以及监听这些域对象属性的修改。

6.4.2　Listener 的在线用户统计示例

```
public class OnlineServletContextListener implements ServletContext
Listener {
public void contextInitialized(ServletContextEvent sce) {
//系统启动的时候就准备一个在线用户列表
sce.getServletContext().setAttribute("ONLINEUSER_IN_SC", new
ArrayList<User>());
}
public void contextDestroyed(ServletContextEvent sce) {}}
在 web.xml 中注册该监听器。
<listener>
<listener-class>cn.itsource.www.listener.OnlineServletContext
Listener</listener-class>
</listener>
public class OnlineHttpSessionListener implements HttpSession
Listener {
public void sessionCreated(HttpSessionEvent se) {
}
//当 Session 被销毁的时候将该用户从在线用户列表中删除
```

```
public void sessionDestroyed(HttpSessionEvent se) {
// 1.得到在线用户
ServletContext sc = se.getSession().getServletContext();
List<User> onlineusers = (List<User>) sc.getAttribute("ONLINEUSER_
IN_SC");
// 2. 需要将 Session 中的 user 对象从 onlineusers 列表中删除
User user = (User) se.getSession().getAttribute("USER_IN_SESSION");
onlineusers.remove(user);}}
```

在 web.xml 中注册该监听器。

```
<listener>
<listener-class>cn.itsource.www.listener.OnlineHttpSessionListener
</listener-class>
</listener>
```

也可以从下面的监听器中删除在线用户列表中的用户。

```
public class OnlineSessionAttributeListener implements
HttpSessionAttributeListener {
// 向 Session 中放一个 USER_IN_SESSION 的同时再将 user 对象放到在线用户列表中
public void attributeAdded(HttpSessionBindingEvent se) {
if (se.getName().equals("USER_IN_SESSION")) {
// 1.得到在线用户
ServletContext sc = se.getSession().getServletContext();
List<User> users= (List<User>) sc.getAttribute("ONLINEUSER_IN_SC");
// 2. 需要将 Session 中的 user 对象从 onlineusers 列表中删除
User user = (User)se.getValue();
users.add(user);}}
/* 当我们销毁一个 Session 的时候，该 Session 中如果有具体的属性，
* 那么先删除 Session 中的属性，既然是删除，那么该方法也执行
*/
@Override
public void attributeRemoved(HttpSessionBindingEvent se) {
if (se.getName().equals("USER_IN_SESSION")) {
// 1.得到在线用户
ServletContext sc = se.getSession().getServletContext();
List<User> users= (List<User>) sc.getAttribute("ONLINEUSER_IN_SC");
// 2. 需要将 Session 中的 user 对象从 onlineusers 列表中删除
User user = (User)se.getValue();
users.remove(user);}}
public void attributeReplaced(HttpSessionBindingEvent se) {
}}
```

该监听器在 web.xml 中注册。

```
<listener>
<listener-class>cn.itsource.www.listener.OnlineSessionAttribute
Listener</listener-class>
</listener>
```

【项目总结】

在登录模块中，生成的验证码被放入 Session，登录时从 Session 获取验证码，如果没有输入账号、密码，尝试从 Session 获取，默认一个 Session 的有效时长为 20 min，一段时间不浏览，自动清空 Session。Cookie 用来记录上次登录的时间，Listener 用来监听 Session 的创建，并统计访问人数。在项目的所有页面中，用 Filter 来过滤没有登录的访问，并自动跳转到登录页面。

【项目拓展】

1．图 6.9 有一个输入框和两个按钮，用用户名登录后，如果没有删除，退出页面后重新进来会直接显示用户名。

进入页面在文本框中输入用户名，显示登录成功。

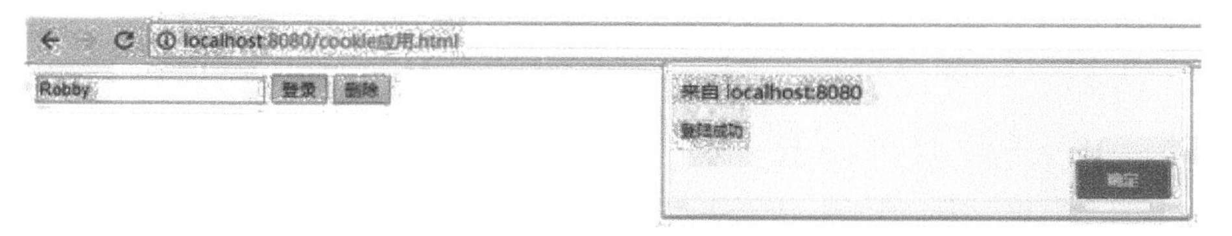

图 6.9　输入用户名

第二次进入页面，Cookie 会记录下登录的用户名痕迹（见图 6.10）。

图 6.10　第二次进入页面

如果点击删除按钮，再次进入文本框没有记录登录痕迹（见图 6.11）。

图 6.11　删除登录痕迹

2．仿项目代码，在项目拓展 1．中补充代码，完成记录登录用户的登录时间。

仿项目案例，使用 Session 来实现一次性验证码的功能。为了避免用户输入的验证码太长，要实现的验证码是 4 个随机字符。同时，将验证码以图片的形式展示给用户，登录界面验证码效果如图 6.12 所示。

图 6.12　登录界面验证码效果

3．由于 Filter 可以对服务器的所有请求进行拦截，因此，一旦请求通过 Filter 程序，就相当于用户信息校验通过。仿项目案例，用 Filter 程序实现 Cookie 的校验，实现用户的自动登录功能。

购物中心项目之文件上传与下载

【项目概述】

在上个项目中，我们学习了登录模块，登录工商职业购物中心以后，需要对商品进行编辑，比如增加商品，这时应上传商品图片，如图 7.1 所示。在 Java Web 应用系统开发中，文件上传和下载功能是经常用到的功能，系统需要用户上传自己的照片，或者上传产品图片等。文件上传是指用户通过浏览器向服务器上传某个文件，服务器接收到该文件后会将该文件存储在服务器的硬盘中。

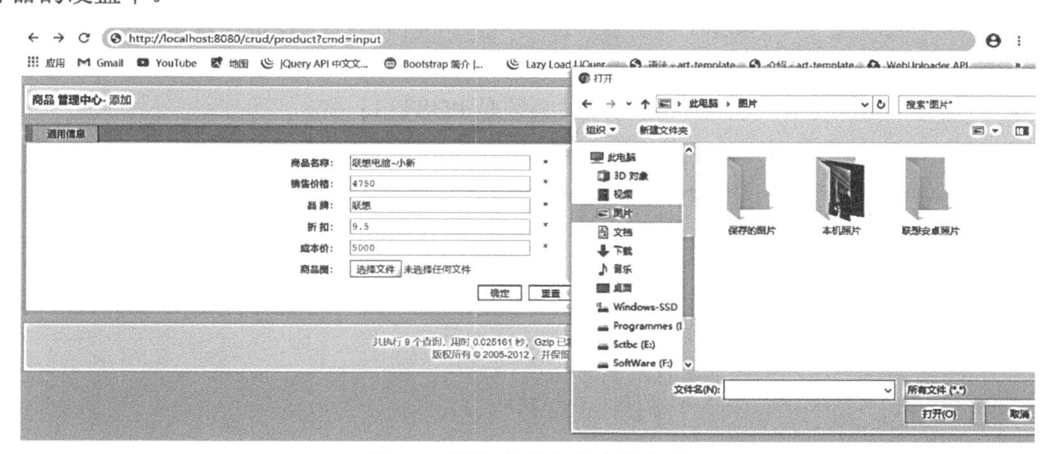

图 7.1　增加商品中的文件上传

【知识目标】

本项目学习 Java Web 应用中文件上传的前端页面，以及文件上传和下载所涉及的 Java 类和对象，实现文件上传和下载功能。需要学习简单的 Java Web 应用国际化以及 Java 邮件功能。

7.1 文件上传

7.1.1　商品展示模块图示

图 7.2 为商品展示页面。

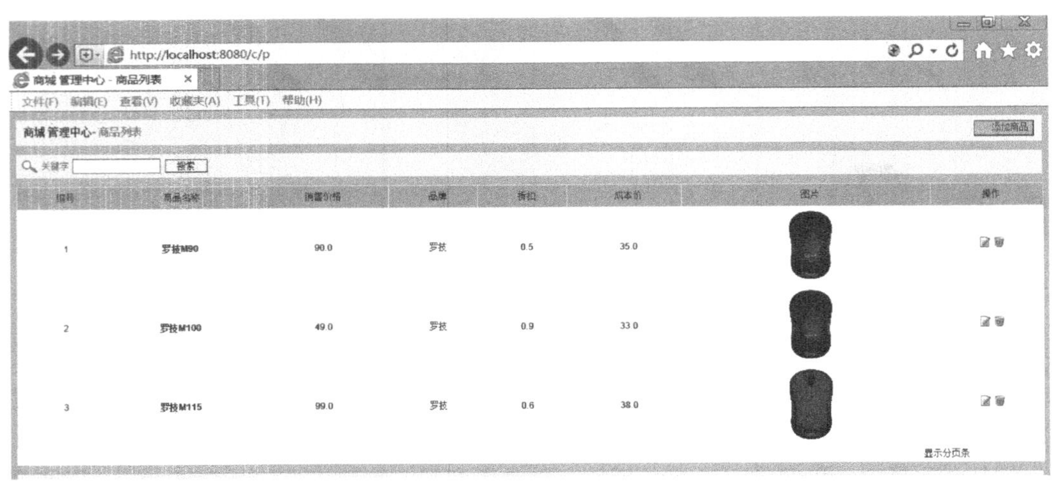

图 7.2　商品展示页面

展示模块除了前面章节所用的技术以外，主要的新技术就是文件的上传。

7.1.2　实现文件上传

在 Web 应用中，大多数文件的上传都是通过页面表单的形式实现的，所以要实现文件上传功能，首先创建一个用于提交上传文件的表单页面。这样的页面必须满足以下要求。

- 含有 Form 表单，表单的提交方式必须是 POST；
- Form 表单中的 enctype 属性必须是 multipart/form-dat；
- 表单中提供文件上传控件 input type="file"。

【案例 7.1】在表单中定义上传控件。

```
<form enctype="multipart/form-data" action="/servlet-upload"
method="post" >
<input type="file" name="upload1"/><br/>
<input type="submit" value="上传"/><br/>
</form>
```

当页面完成以后，下一步就是服务器端处理页面提交的请求，也就是在服务器端真正实现文件上传的处理。在实际开发中，通常会借助第三方工具来实现上传功能，应用较多的是 Apache 旗下的 Commons-fileupload 组件。该组件是用于处理网页表单文件上传的一个开源组件，其提供的 API 使用比较方便，程序开发中通常会采用该组件实现 Web 文件上传功能。

在使用 Commons-fileupload 组件时，Commons-fileupload.jar 和 commons-io.jar 两个 Jar 包要首先导入。然后，上传组件通过 Servlet 来实现文件上传功能，其工作流程图如图 7.3 所示。

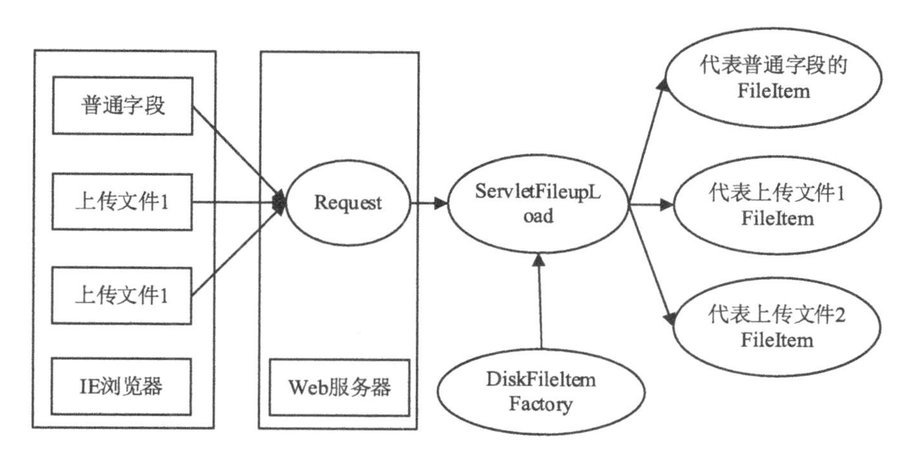

图 7.3 文件上传工作流程图

FileUpload 组件中提供了以下一些类来具体处理文件上传。

（1）DiskFileItemFactory 工厂类。

DiskFileItemFactory 是创建 FileItem 对象的工厂，这个工厂类的常用方法如下。

- public DiskFileItemFactory(int sizeThreshold, java.io.File repository)：构造方法。
- public void setSizeThreshold(int sizeThreshold)：设置内存缓冲区的大小，默认值为 10 KB。当上传文件大于缓冲区大小时， fileupload 组件将使用临时文件缓存上传文件。
- public void setRepository(java.io.File repository)：指定临时文件目录，默认值为当前用户的系统临时文件目录。

（2）ServletFileUpload 类。

ServletFileUpload 负责处理上传的文件数据，并将表单中每个输入项封装成一个 FileItem 对象。常用方法如下。

- boolean isMultipartContent(HttpServletRequest request)：判断上传表单是否为 multipart/form-data 类型。
- List parseRequest(HttpServletRequest request)：解析 Request 对象，并把表单中的每一个输入项包装成一个 fileItem 对象，返回一个保存了所有 FileItem 的 list 集合。
- setFileSizeMax(long fileSizeMax)：设置上传文件的最大值。

（3）FileItem 表单字段域类。

FileItem 类负责处理表单提交的字段，常用方法如下。

- boolean isFormField()：判断是否为普通字段。
- String getFieldName()：返回表单字段（普通字段）名称。
- String getContentType()：返回表单请求类型，即 Request 请求头中的 Content-type 的内容，可用来限制文件上传的类型。

以下为文件上传功能在 Web 应用中的实际应用，以商品展示以后的添加商品为例，当用户在商品展示页面点击添加商品后，出现图 7.4 所示的页面。

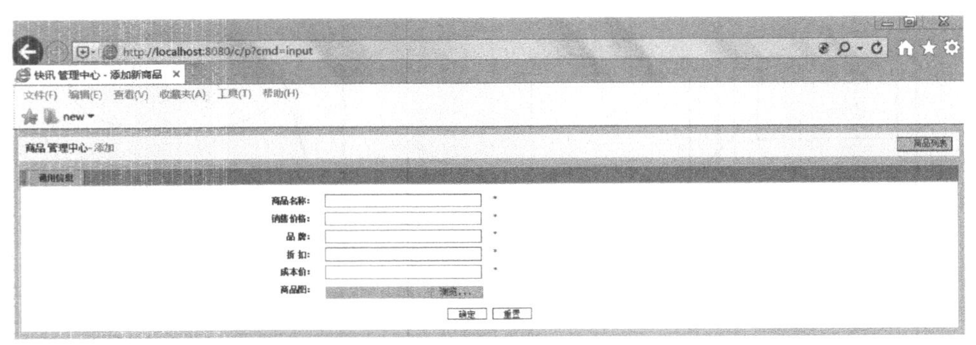

图 7.4　添加商品页面

用户可在添加商品页面依次填写新商品的相关信息，但最后一项“商品图”不能简单填写，而是要用到文件上传功能，将用户在本机所选择的图片上传到服务器端。用户填写并选择图片的页面如图 7.5 所示。

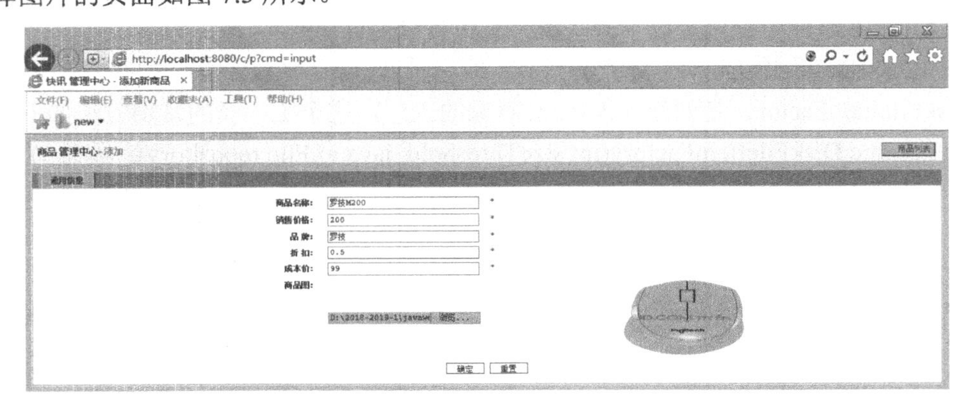

图 7.5　图片选择

当用户添加商品成功后，页面自动跳转到商品展示页面，我们可以在商品展示页面看到新商品，也意味着图片文件上传成功，如图 7.6 所示。

http://localhost:8080/c/p

编号	商品名称	销售价格	品牌	折扣	成本价	图片	操作
1	罗技M90	90.0	罗技	0.5	35.0		
2	罗技M100	49.0	罗技	0.9	33.0		
3	罗技M115	99.0	罗技	0.6	38.0		
51	罗技M200	200.0	罗技	0.5	99.0		

显示分页条

图 7.6　上传成功界面

【案例 7.2】工商职业购物中心项目文件上传代码。

```
import java.io.File;
import java.io.FileNotFoundException;
import java.io.FileOutputStream;
import java.io.IOException;
import java.io.InputStream;
import org.apache.commons.fileupload.disk.DiskFileItemFactory;
import org.apache.commons.fileupload.servlet.ServletFileUpload;

public class UploadUtil {
    public static String uploadFile(InputStream filestream, File
    savaPath, String filename) {
        //创建一个 DiskFileItemFactory 工厂
        DiskFileItemFactory factory = new DiskFileItemFactory();
        ServletFileUpload upload = new ServletFileUpload(factory);
        upload.setHeaderEncoding("UTF-8");
        filename = filename.substring(filename.lastIndexOf("\\") + 1);
        String realSavePath = savaPath + "\\" + filename;
        FileOutputStream out = null;
        try {
            out = new FileOutputStream(realSavePath);
        } catch (FileNotFoundException e) {
            e.printStackTrace();
        }
        // 创建一个缓冲区
        byte buffer[] = new byte[1024];
        int len = 0;
        try {
            while ((len = filestream.read(buffer)) > 0) {
                out.write(buffer, 0, len);
            }
        } catch (IOException e) {
            e.printStackTrace();}
        try {
            filestream.close();
            out.close();
        } catch (IOException e) {
            e.printStackTrace();
        }
        return realSavePath;
    }
}
```

7.2 文件下载

实现文件下载功能比较简单，直接使用 Servlet 类和输入/输出流实现即可。实现文件的下载，不仅需要指定文件的路径，还需要在 HTTP 中设置两个响应消息头。

➢ Content-Type: 传递给客户端的文件的 MIME 类型;

➢ Content-Disposition:设定接收程序处理数据的方式。

【案例 7.3】文件下载相关代码。

```
public class FileDownload extends HttpServlet{
      public void doGet(HttpServletRequest request, HttpServlet
Response resp)
            throws ServletException,IOException{
         String filename = "a.mp3";
//根据文件名获取 MIME 类型
         String contentType = this.getServletContext().getMimeType
               (filename);
         String contentDisposition = "attachment;filename=a.mp3";
         // 输入流
         FileInputStream input = new FileInputStream(filename);
         // 设置头
         resp.setHeader("Content-Type",contentType);
         resp.setHeader("Content-Disposition",contentDisposition);
         // 获取绑定了客户端的流
         ServletOutputStream output = resp.getOutputStream();
         // 把输入流中的数据写入输出流中
         IOUtils.copy(input,output);
         input.close();
      }
   }
```

7.3 国际化和 Java Mail

7.3.1 什么是国际化

所谓的国际化就是指软件在开发时就应该具备支持多种语言和地区的功能，开发完成的软件有可能受到世界多地用户访问，针对这些不同国家和地区的用户，软件应该提供符合用户习惯的页面和数据。

在实际开发中，大部分的 Web 应用程序都需要实现国际化，为了方便完成这种功能，Java 语言提供了一套用于实现国际化的 API，这套 API 可以使应用程序中特殊的数据（如语言、时间、日期、货币等）适应本地的文化习惯。

7.3.2　国际化在 Web 中的应用

在 Web 应用中，用户常常会面对软件中的菜单栏、导航条、报错提示信息等，开发者可以编写一个 properties 文件，将这些固定的文本信息放进去，并针对不同的国家和地区编写不同的 properties 文件。

Java API 提供了一个 ResourceBundle 类，用于描述一个资源包，并且 ResourceBundle 类提供了相应的方法 getBundle，这个方法可以根据来访者的国家地区自动获取与之对应的资源文件予以显示。

例如，我们可以在 Web 应用中 src 目录的子目录 myproperties 下分别创建两个 properties 文件，并分别命名为 my_en.properties 和 my_zh.properties，用于存放英文和中文两种语言的相关文本信息。

my_en.properties 的内容为：

```
username=username
password=password
submit=submit
```

my_zh.properties 的内容为：

```
username=\u7528\u6237\u540d
password=\u5bc6\u7801
submit=\u63d0\u4ea4
```

然后，编写页面来调用相应的资源文件，代码如下：

```
<%@ page language="java" import="java.util.*" pageEncoding="UTF-8"%>
<!DOCTYPE HTML>
<html>
  <head>
    <title>国际化测试</title>
  </head>
<%
      //载入 i18n 资源文件，用 request.getLocale()获取访问用户所在的国家地区
   ResourceBundle myRB=ResourceBundle.getBundle("myproperties.my",
request.getLocale());
  %>
<body>
   <form action="" method="post">
      <%=myRB.getString("username")%>: <input type="text" /><br/>
      <%=myRB.getString("password")%>: <input type="password" /><br/>
      <input type="submit"value="<%=myRB.getString("submit")%>">
        </form>
  </body>
</html>
```

每个资源包都应有一个默认资源文件，这个文件不带有标识本地信息的附加部分。若 ResourceBundle 对象在资源包中找不到与用户匹配的资源文件，它将选择该资源包中与用户最相近的资源文件，如果再找不到，则使用默认资源文件。当用户选择不同语言环境的时候，有不同的显示效果。

当浏览器运行语言环境是英文时，效果如图 7.7 所示。

图 7.7　英文环境界面

当浏览器运行语言环境是中文时，效果如图 7.8 所示。

图 7.8　中文环境界面

同样的页面，随着浏览器的语言环境不同，显示出了不同的语言文字效果，实现了固定文本信息的国际化。

7.3.3　JavaMail 的实现

使用 Java 应用程序发送电子邮件要用到 JavaMail API，需要导入 mail.jar 和 activation.jar 两个 jar 包。JavaMail 创建的邮件是基于 MIME 协议的。在 JavaMail API 中提供了相应的 MimeMessage 类表示整封邮件。

【案例 7.4】一个简单的电子邮件发送实例代码。

```
import java.util.Properties;
import javax.mail.*;
public class SendMail {
public static void main(String[] args) throws Exception
{
Properties prop = new Properties();
prop.setProperty("mail.host", "smtp.qq.com");
        prop.setProperty("mail.transport.protocol", "smtp");
        prop.setProperty("mail.smtp.auth", "true");
```

```
        Session session = Session.getInstance(prop);
        session.setDebug(true);
       //通过session得到transport对象
        Transport ts = session.getTransport();
        ts.connect("smtp.qq.com", "用户名", "邮箱密码");
        //创建邮件
        Message message = createMail(session);
        //发送邮件
        ts.sendMessage(message, message.getAllRecipients());
        ts.close();
    }

public static MimeMessage createMail(Session session) throws Exception
{
        //创建邮件对象
        MimeMessage message = new MimeMessage(session);
        message.setFrom(new InternetAddress("abc@qq.com"));
        message.setRecipient(Message.RecipientType.TO,
        new InternetAddress("abc@qq.com"));
        //邮件标题
        message.setSubject("simpleMail");
        //邮件内容
        message.setContent("hello", "text/html;charset=UTF-8");
        return message;
    }
}
```

【项目总结】

在本项目中，我们通过相关任务学习了Java Web应用中文件上传所需要的前端页面，以及后台具体的文件上传处理过程。需要注意的是，在前端页面中要有专门的文件上传控件，而不是其他普通按钮。在文件上传的过程中，一定要确定好上传文件在服务器端的存储位置。在项目的具体应用中，通过上传图片功能来实现文件上传。通过学习，我们也了解了简单的文件下载以及Java Web国际化和Java Mail功能。

【项目拓展】

1. 到网上下载Commons-fileupload.jar和commons-io.jar。
2. 将两个包文件复制到Web项目的WEB-INF/lib目录下。
3. 编写包含上传文件控件的页面，用于实现图片上传。
4. 编写处理文件上传的Servlet类。
5. 运行相关代码，查看文件上传是否成功。

购物中心项目之后台商品信息处理模块

【项目概述】

在前面的学习中，我们学习了登录模块、开发模式、文件的上传下载等。除此之外，项目的实际运行还离不开后台的维护。在“四川工商购物中心”登录页面输入账户和验证码，系统进行身份认证，确定该用户是否具有访问和使用商城管理中心商品的权限。如有权限，则显示数据库中商品列表的信息，如图 8.1 所示。在本项目中，我们需要学习后台商品信息处理模块的相关知识。

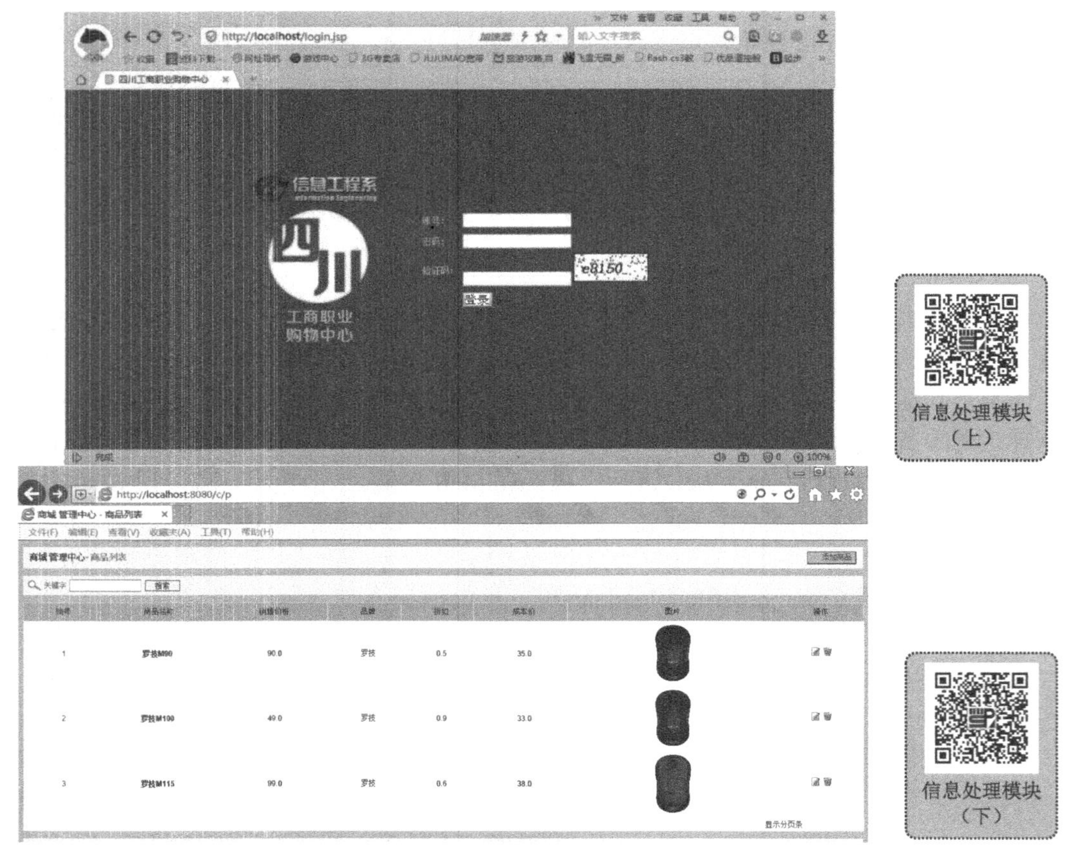

信息处理模块（上）

信息处理模块（下）

图 8.1　登录成功显示商品信息

【知识目标】

后台商品信息处理模块主要学习应用程序和数据库之间的主要技术 JDBC、数据库连接池和 Apache 组织提供的 DBUtils 工具。

8.1 JDBC 入门

8.1.1 JDBC 的概念

在 Java 中，访问数据库只有唯一的方式——JDBC。诸如 Hibernate 等 ORM 框架或 MyBatis 等 SQL 框架，都只是对 JDBC 的封装。

Java 数据库连接（Java Database Connectivity，JDBC）是一个独立于特定数据库管理系统，通用的 SQL 数据库存取和操作的公共接口（一组 API）。JDBC 本身是 Java 连接数据库的一个标准，是进行数据库连接的抽象层，由 Java 编写的一组类和接口组成，接口的实现由各个数据库厂商来完成。通常，我们将数据库厂商提供的实现叫作驱动程序。

操作指定的数据库，必须先准备指定数据库的驱动才可以，如图 8.2 所示。

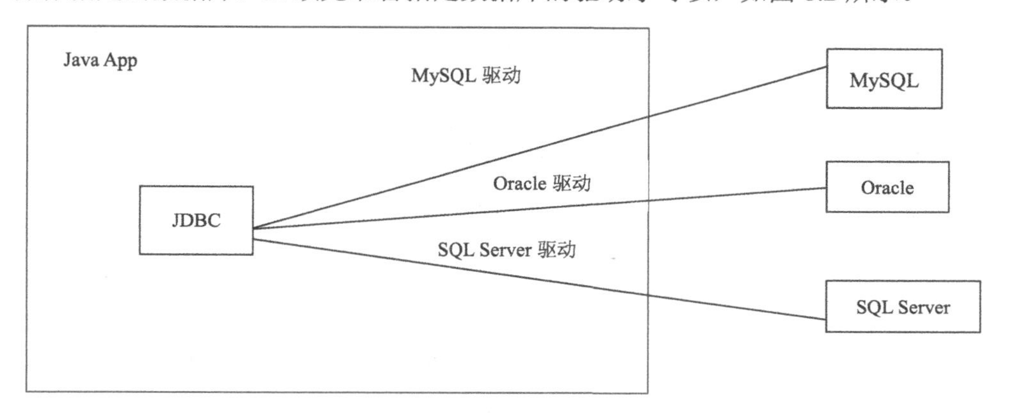

图 8.2　数据库驱动

8.1.2 JDBC 访问数据库

1. JDBC

目前有 4 种可供使用的 JDBC 驱动程序，如图 8.3 所示。

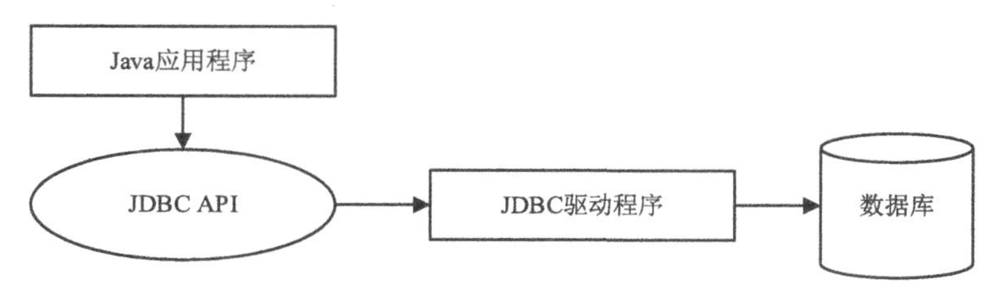

图 8.3　4 种 JDBC 驱动程序

连接 MySQL 数据库首先要在项目中加入 mysql-connector-java-5.1.22-bin.jar（MySQL 的 JDBC 实现，即 MySQL 驱动）。

JDBC URL 的标准由 3 部分组成，各部分间用冒号分隔：

```
协议:<子协议>:<子名称>
```

其中，

协议：JDBC URL 中的协议总是 JDBC；

子协议：子协议用于标识一个数据库驱动程序；

子名称：一种标识数据库的方法。子名称可以依不同的子协议而变化，用子名称的目的是为了给数据库提供足够的信息。

【案例 8.1】 标准的 JDBC 方式。

```
@Test
public void testConn() throws Exception {
String url = "jdbc:mysql://localhost:3306/jdbcdemo";
String user = "root";
String password = "admin";
//将驱动注册到驱动管理器中(其实就是让该类中的静态代码块执行)
Class.forName("com.mysql.jdbc.Driver");
//从驱动管理器中获取连接
Connection connection = DriverManager.getConnection(url, user, 
password);
}
```

DriverManager 类的方法 getConnection 和 getDrivers 已经得到提高，以支持 Java Standard Edition Service Provider 机制。JDBC 4.0 Drivers 必须包括 META-INF/services/java.sql.Driver 文件。此文件包含 java.sql.Driver 的 JDBC 驱动程序实现的名称。例如，要加载 mysql.Driver 类，META-INF/services/java.sql.Driver 文件需要包含下面的条目：

```
mysql.Driver
```

应用程序不再需要使用 Class.forName()显式地加载 JDBC 驱动程序。当前使用 Class.forName()加载 JDBC 驱动程序的现有程序将在不做修改的情况下继续工作。

```
String url = "jdbc:mysql://localhost:3306/jdbcdemo";
String user = "root";
String password = "admin";
Connection connection = DriverManager.getConnection(url, user, 
password);
```

2. DBC 访问数据库

数据库连接被用于向数据库服务器发送命令和 SQL 语句，在连接建立后，需要对数据库进行访问，执行 SQL 语句。

在 java.sql 包中有 3 个接口分别定义了调用数据库的不同方式。

➢ Statement（执行静态 SQL）;
➢ PrepatedStatement（执行预编译 SQL）;
➢ CallableStatement（执行存储过程）。

【案例 8.2】 通过 Statement 对象执行 DML 和 DDL 语句的标准格式。

```
public class TestDML {
private String url = "jdbc:mysql://localhost:3306/jdbcdemo";
private String user = "root";
private String password = "admin";
@Test
public void testCreate() {
Connection connection = null;
// 从连接对象得到 statement 对象
Statement statement = null;
try {
//1. 获取连接
Class.forName("com.mysql.jdbc.Driver");
connection = DriverManager.getConnection(url, user, password);
//2.从连接中得到一个执行 SQL 语句对象 statement:
statement = connection.createStatement();
//3. 使用 statement 执行 sql
String sql = "create table person(id bigint primary key auto_
increment,name varchar(5),sex char(1), age int)";
//使用 statement.executeUpdate 方法执行 DML 和 DDL，返回影响行数
int result = statement.executeUpdate(sql);
//4. 关闭 statement 和连接对象
statement.close();
connection.close();
}
catch (Exception e) {
e.printStackTrace();
}
finally{
//在 finally 方法中必须按顺序关闭数据库资源
try {
if(statement!=null){
statement.close();
}
if(connection!=null){
connection.close();
}}
catch(SQLException e){
e.printStackTrace();
}}}}
```

3. ResultSet 对象

表示数据库结果集的数据表，通常通过执行查询数据库的语句生成。

ResultSet 对象具有指向其当前数据行的光标。最初，光标被置于第一行之前。next 方法将光标移动到下一行，因为该方法在 ResultSet 对象没有下一行时返回 false，所以可以在 while 循环中使用它来迭代结果集。

ResultSet 接口提供用于从当前行获取列值的获取方法（getBoolean, getLong 等）。可以使用列的索引编号或列的名称获取值。一般情况下，使用列索引较为高效。列从 1 开始编号。为了获得最大的可移植性，应该按从左到右的顺序读取每行中的结果集列，每列只能读取一次。

对于获取方法，JDBC 驱动程序尝试将底层数据转换为在获取方法中指定的 Java 类型，并返回适当的 Java 值。JDBC 规范有一个表，显示允许的从 SQL 类型到 ResultSet 获取方法所使用的 Java 类型的映射关系（见表 8.1）。

表 8.1　SQL 类型到 Java 类型的映射关系

SQL Type	Java Type	SQL Type	Java Type
CHAR	String	float	REAL
VARCHAR	string	double	FLOAT
LONGVARCHAR	string	double	DOUBLE
NUMERIC	java.math.BigDecimal	byte[]	BINARY
DECIMAL	java.math.BigDecimal	byte[]	VARBINARY
BIT	boolean	byte[]	LONGVARBINARY
TINYINT	byte	java.sql.Date	DATE
SMALLINT	short	java.sql.Time	TIME
INTEGER	int	java.sql.Timestamp	TIMESTAMP
BIGINT	long		

【案例 8.3】ResultSet 对象使用。

```
@Test
public void testSelect() {
Statement statement = null;
Connection connection = null;
ResultSet resultSet = null;
try {
// 1.得到连接
Class.forName("com.mysql.jdbc.Driver");
connection = DriverManager.getConnection(url, user, password);
// 2.得到执行 statment
statement = connection.createStatement();
// 3.执行 sql
String sql = "select id as iid ,name as nname,sex as ssex,age as
```

```
aage from person";
resultSet = statement.executeQuery(sql);
// 4.移动结果集指针
while (resultSet.next()) {
// 5.根据列的名称使用 get×××方法取出当前行中的数据
System.out.print(resultSet.getLong("iid") + "\t");
System.out.print(resultSet.getString("nname") + "\t");
System.out.print(resultSet.getString("ssex") + "\t");
System.out.println(resultSet.getInt("aage") + "\t");
}}
catch (Exception e) {
e.printStackTrace();
}
finally {
// 6. 按照顺序关闭资源
try {
if (resultSet != null) {
resultSet.close();
}
if (statement != null) {
statement.close();
}
if (connection != null) {
connection.close();
}}
catch (SQLException e) {
e.printStackTrace();
}}}
```

4. PreparedStatement 对象

PreparedStatement 接口是 Statement 的子接口，它表示一条预编译过的 SQL 语句。

PreparedStatement 对象所代表的 SQL 语句中的参数用问号（?）来表示，调用 set×××()方法来设置 PreparedStatement 对象的这些参数。set×××()方法有两参数，第一个参数是设置 SQL 语句中的参数的索引（从 1 开始），第二个参数是设置的 SQL 语句中的参数的值。

【案例 8.4】 PreparedStatement 对象执行 SQL 的标准结构。

```
//使用 PreparedStatement 执行 DML 的标准结构
public void add(Employee employee) {
//1.获取连接
Connection connection = DBUtil.getConnection();
PreparedStatement preparedStatement = null;
try {
//2.通过 sql 创建预编译对象，代表一个 sql 模板
String sql = "insert into employee values(null,?,?,?,?,?)";
```

```
preparedStatement = connection.prepareStatement(sql);
//3.通过预编译对象给 sql 模板设置参数
preparedStatement.setString(1, employee.getName());
preparedStatement.setString(2, employee.getEmail());
preparedStatement.setDouble(3, employee.getSalary());
//将 java.util.Date 转换为 java.sql.Date
preparedStatement.setDate(4, new java.sql.Date(employee.getBirthday().
getTime()));preparedStatement.setInt(5, employee.getStatus());
//4. 执行 sql
int result = preparedStatement.executeUpdate();
} catch (SQLException e) {
e.printStackTrace();
}finally{
DBUtil.close(connection, preparedStatement, null);
}}

//使用 PreparedStatement 执行查询的标准代码结构
public Employee get(Long id) {
//1. 得到连接
Connection connection = DBUtil.getConnection();
PreparedStatement preparedStatement = null;
ResultSet resultSet = null;
//2.创建预编译对象
try {
preparedStatement = connection.prepareStatement("select * from
employee where id = ?");
//3.设置参数
preparedStatement.setLong(1, id);
//4.执行
resultSet = preparedStatement.executeQuery();
//5.处理结果,将 resultset 中的结果封装到 employee 对象中
if(resultSet.next()){
Employee employee = resultset2Employee(resultSet);
return employee;
}
} catch (SQLException e) {
e.printStackTrace();
}finally{
DBUtil.close(connection, preparedStatement, resultSet);
}
return null;
}
```

5. Statement 和 PreparedStatement 的区别

PreparedStatement 具有代码的可维护性和可读性。

PreparedStatement 的性能得到最大可能的提高，预编译语句会被 DBServer 优化性能。

因为预编译语句有可能会被重复调用，所以预编译语句在被 DBServer 的编译器编译后，其执行代码会被缓存下来，下次调用时如果是相同的预编译语句就无须再编译，直接将参数传入编译过的语句，执行代码即可。

在 Statement 语句中，即使是相同操作，如果数据内容不同，Statement 语句本身也不能匹配，因此没有缓存语句执行代码的意义。事实是，数据库没有对普通语句编译后的执行代码进行缓存，所以每执行一次都要编译一次。

MySQL 不支持 PreparedStatement 性能优化。

PreparedStatement 既能保证安全性，也能避免简单的 SQL 注入。

8.2 JDBC 事务与数据库连接池

8.2.1 JDBC 事务

在数据库中，事务是指一组逻辑操作单元，确保数据从一种状态转变成另一种状态。

为保证数据库中数据的一致性，对数据的操作应当是成组的离散的逻辑单元：当事务完成时，数据的一致性一定可以保持；而当事务中的一小部分操作失败时，整个事务会被视为全部错误，起始点以后的所有操作全部回滚到开始状态。

事务的操作：先定义一个事务，然后对数据进行修改（UPDATE）操作，如果事务提交（COMMIT），那么这些修改会被永久保存；如果事务回滚（ROLLBACK），数据库管理系统将放弃所做的所有修改并回到事务开始时的状态。

事务的处理：保证任何一个事务被当作一个完成的工作单元来执行，即使出现故障，也不能改变这种执行方式。如果在一个事务中执行了多个操作，要么事务的所有操作都被提交（COMMIT），要么整个事务回滚（ROLLBACK）到开始时的状态。

在 JDBC 中，事务默认值是自动提交的，如果在这个事务中所有 SQL 语句都能成功执行，系统会自动提交到数据库，而不回滚。

为确保多个 SQL 语句作为一个事务执行：JDBC 在调用 Connection 对象的 setAutoCommit(false)时，取消自动提交，事务在所有 SQL 语句都成功执行后，调用 commit()；如果提交事务时出现异常，则调用 rollback()方法实现事务回滚。

【案例 8.5】 JDBC 示例代码。

```
@Test
public void testTrans() {
String fromUser = "zhangsan";
String toUser = "lisi";
Double money = 2000.0;
// 1. 转出
Connection connection = DBUtil.getConnection();
try {
// 1.1 开启一个事务
```

```
connection.setAutoCommit(false);
// 1.2 判断 zhangsan 的余额是否大于或者等于 money 的值
String sql = "select account from accounts where name = ? and
account >= ?";
PreparedStatement preparedStatement = connection.prepareStatement(sql);
preparedStatement.setString(1, fromUser);
preparedStatement.setDouble(2, money);
ResultSet resultSet = preparedStatement.executeQuery();
if (!resultSet.next()) {
System.out.println(fromUser + "的余额不足" + money + "!");
return;
}
// 1.3 执行转出
sql = "update accounts set account = account - ? where name = ?";
preparedStatement = connection.prepareStatement(sql);
preparedStatement.setDouble(1, money);
preparedStatement.setString(2, fromUser);
preparedStatement.executeUpdate();
int i = 6 / 0; //模拟程序出错
// 2.1 转入
sql = "update accounts set account = account + ? where name = ?";
preparedStatement = connection.prepareStatement(sql);
preparedStatement.setDouble(1, money);
preparedStatement.setString(2, toUser);
preparedStatement.executeUpdate();
// 2.2 提交事务,真正更改数据库
connection.commit();
}
catch (Exception e) {
try {
e.printStackTrace();
// 3. 如果有异常的话,回滚事物, 撤销之前的所有修改
connection.rollback();
} catch (SQLException e1) {
e1.printStackTrace();
}}}
```

8.2.2 JDBC 批量处理

当需要批量更新或插入记录时，可使用 Java 批量更新机制，该机制允许将多条语句一次性提交给数据库并执行批量处理。通常情况，该方式都比单独提交处理有效率。

JDBC 批量处理语句包括下列方法。

- addBatch(String)：添加需要批量处理的 SQL 语句或是参数；
- executeBatch()：执行批量处理语句；

- addBatch 方法对于 Statement 是批量添加 SQL 语句，这种情况一般用于 PreparedStatement 参数，一次传入多个参数，执行同一条语句用于增删改查等批处理操作。

MySQL 不支持批量处理，Oracle 支持批量处理和 PreparedStatement 性能优化。

【案例 8.6】 JDBC 批量处理。

```
//statement 的 batch 操作
public void testStatementByBatch() throws Exception {
Connection connection= DBUtil.getConnection();
Statement statement = connection.createStatement();
for (int i = 1; i <= 1000; i++) {
String sql = "insert into person values('name"+i+"','password"+i+"')";
statement.addBatch(sql); //先放 SQL 到 statement 上,但是不执行
if(i%200==0){
statement.executeBatch();//批量执行
statement.clearBatch();//清空上次执行过的 SQL
}}
DBUtil.close(connection, statement, null);
}

//preparedstatment 的 batch 操作
public void testPreparedStatementByBatch() throws Exception {
Connection connection= DBUtil.getConnection();
String sql = "insert into person values(?,?)";
PreparedStatement preparedStatement = connection.prepareStatement(sql);
for (int i = 1; i <= 1000; i++) {
preparedStatement.setString(1, "name"+i);
preparedStatement.setString(2, "password"+i);
preparedStatement.addBatch();//批量添加参数
if(i%200==0){
preparedStatement.executeBatch();//批量执行
preparedStatement.clearBatch();//清空上次参数
}}
DBUtil.close(connection, preparedStatement, null);
}
```

8.2.3 JDBC 大数据处理

MySQL 中，BLOB 是一个二进制大型对象块，是一个可以存储大量数据的容器，它能容纳不同大小的数据。BLOB 类型实际是个类型系列（TinyBlob、Blob、MediumBlob、LongBlob），除了在存储的最大信息量上不同外，它们的作用是等同的。

MySQL 的 4 种 BLOB 类型如表 8.2 所示。

表 8.2　4 种 BLOB 类型

类型	大小/字节
TinyBlob	最大 255
Blob	最大 65K
MediumBlob	最大 16M
LongBlob	最大 4G

【案例 8.7】通过 PreparedStatement 对象将二进制数据保存到数据中。

```
public void testBlob() throws Exception {
//1. 连接数据库
Connection connection = DBUtil.getConnection();
//2. 得到一个 preparedstatement 对象
String sql = "insert into image values(null,?)";
PreparedStatement preparedStatement = connection.prepareStatement(sql);
FileInputStream fis= new FileInputStream("F:/img.jpg");
//需要一个二进制流
preparedStatement.setBinaryStream(1, fileInputStream);
preparedStatement.executeUpdate();
DBUtil.close(connection, preparedStatement, null);
fileInputStream.close();
}

public void testReadBlob() throws Exception {
//1. 连接数据库
Connection connection = DBUtil.getConnection();
//2. 得到一个 preparedstatement 对象
String sql = "select * from image where id = ?";
PreparedStatement preparedStatement = connection.prepareStatement(sql);
preparedStatement.setLong(1, 1L);
ResultSet resultSet = preparedStatement.executeQuery();
if(resultSet.next()){
//从结果集中得到一个输入流
//其实输入流是被包装到一个 java.sql.Blob 对象中的，可以通过 rs.getBlob()方法
//得到 Blob 对象，再使用 Blob.getBinaryStream 得到 InputStream 输入流
InputStream inputStream = resultSet.getBinaryStream("image");
FileOutputStream f = new FileOutputStream("d:/××××××××××.jpg");
byte[] b = new byte[1024];
int num;
while((num = inputStream.read(b))!=-1){
f.write(b, 0, num);
f.flush();
}
```

```
f.close();
}
DBUtil.close(connection, preparedStatement, resultSet);
}

public void testDatabaseMetaData() throws Exception {
Connection connection = DBUtil.getConnection();
//得到元数据对象
DatabaseMetaData databaseMetaData = connection.getMetaData();
// 返回一个 String 类对象，代表数据库的 URL
System.out.println(databaseMetaData.getURL());
// 返回连接当前数据库管理系统的用户名
System.out.println(databaseMetaData.getUserName());
// 返回一个 boolean 值，指示数据库是否只允许读操作
System.out.println(databaseMetaData.isReadOnly());
// 返回数据库的产品名称
System.out.println(databaseMetaData.getDatabaseProductName());
// 返回数据库的版本号
System.out.println(databaseMetaData.getDatabaseProductVersion());
// 返回驱动驱动程序的名称
System.out.println(databaseMetaData.getDriverName());
// 返回驱动程序的版本号
System.out.println(databaseMetaData.getDriverVersion());
}
```

ResultSetMetaData 是用来获取关于 ResultSet 对象中列的类型和属性信息的对象。

【案例 8.8】 ResultSetMetaData 获取信息。

```
public void testResultSetMetaData() throws Exception {
Connection connection = DBUtil.getConnection();
String sql = "select * from product";
Statement statement = connection.createStatement();
ResultSet resultSet = statement.executeQuery(sql);
ResultSetMetaData resultSetMetaData = resultSet.getMetaData();
// 1. 有多少列
// System.out.println(resultSetMetaData.getColumnCount());
// 2. 有哪些列名
// System.out.println(resultSetMetaData.getColumnName(1));

//得到 SQL 中对应的别名,如果没有别名，就得到列名
// System.out.println(resultSetMetaData.getColumnLabel(1));
// 1. 获取 SQL 查询出来的所有列名
for (int i = 1; i <= resultSetMetaData.getColumnCount(); i++) {
System.out.print(resultSetMetaData.getColumnLabel(i)+"\t");
}
```

```
System.out.println();
//2.得到查询结果的所有数据
while(resultSet.next()){
//3. 获取当前行中每一列上的数据
for (int i = 1; i <= resultSetMetaData.getColumnCount(); i++) {
System.out.print(resultSet.getObject(i)+"\t\t");
}
System.out.println();//每获取一行的数据后就换行
}
}
```

8.2.4 数据库连接池

1. 数据库连接池概念

传统模式下获取的连接不能够重用，可能导致内存溢出，服务器崩溃。为了避免这种问题，可以采用连接池的方式。

数据库连接池的工作原理如图 8.4 所示。

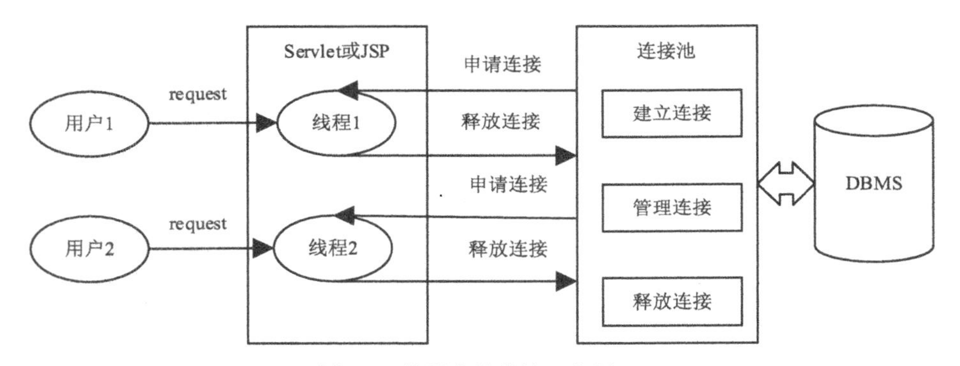

图 8.4 数据库连接池工作原理

JDBC 数据库连接池数据源使用 javax.sql.DataSource 表示，DataSource 是一个接口，它通常由服务器（Tomcat, Weblogic, WebSphere 等）提供实现，也可以由一些开源组织提供实现。

➢ DBCP 数据库连接池；
➢ C3P0 数据库连接池（www.mchange.com）；
➢ Proxpool（http://proxool.sourceforge.net/）。

DataSource 通常被称为数据源，它包含连接池管理和连接池两部分，习惯上也可以把 DataSource 称为连接池。

2. DBCP 连接池

DBCP 是 Apache 软件基金组织的开源数据库连接池实现。使用这个连接池需要下载两个包。

- commons-dbcp.jar：连接池实现；
- commons-pool.jar：连接池实现的依赖库。

【案例 8.9】DBCP 连接池具体实现代码。

```
/**
* 第一种方式：直接创建连接池对象
* @throws Exception
*/
public void testConn1() throws Exception {
//1.创建一个数据源对象
BasicDataSource basicDataSource = new BasicDataSource();
//2.配置连接池相关的链接信息
basicDataSource.setUrl("jdbc:mysql://localhost:3306/jdbcdemo");
basicDataSource.setUsername("root");
basicDataSource.setPassword("admin");
basicDataSource.setDriverClassName("com.mysql.jdbc.Driver");
//3. 如果没有设置如下的参数,连接池中都是使用默认的
basicDataSource.setInitialSize(3);// 初始化链接数
basicDataSource.setMaxActive(5);// 设置最大的链接数
basicDataSource.setMaxWait(1000 * 10);// 设置最大的等待时间
//通过 DataSource.getConnection()得到连接池中的连接
Connection conn=basicDataSource.getConnection();
//释放连接对象，这里是把连接对象还给连接池，而不是真正断开和数据库的连接
conn.close();
}

/**
* 第二种方式：通过连接池工厂创建连接池
* @throws Exception
*/
public void testConn2() throws Exception {
Properties info = new Properties();
info.setProperty("url", "jdbc:mysql://localhost:3306/jdbcdemo");
info.setProperty("username", "root");
info.setProperty("password", "admin");
info.setProperty("driverClassName", "com.mysql.jdbc.Driver");
info.setProperty("initialSize", "3");
info.setProperty("maxActive", "5");
info.setProperty("maxWait", "10000");
//通过工厂来创建一个 datasource 对象
DataSource dataSource = BasicDataSourceFactory.createDataSource(info);
//通过 DataSource.getConnection()得到连接池中的连接
```

```
Connection conn=dataSource.getConnection();
//释放连接对象，这里是把连接对象还给连接池，而不是真正断开和数据库的连接
conn.close();
}

/**
* 第三种方式：读取配置文件中的信息后，通过连接池工厂创建连接池
* @throws Exception
*/
public void testConn3() throws Exception {
Properties info = new Properties();
info.load(TestDBCP.class.getClassLoader().getResourceAsStream("jdbc.
properties"));
//通过工厂来创建一个 datasource 对象
DataSource dataSource = BasicDataSourceFactory.createDataSource(info);
Connection conn=dataSource.getConnection();
//释放连接对象，这里是把连接对象还给连接池，而不是真正断开和数据库的连接
conn.close();
}
```

对应的配置文件如下。

【案例 8.10】 jdbc.properties 代码。

```
#连接字符串
url=jdbc:mysql://localhost:3306/jdbcdemo
#用户名
username=root
#密码
password=admin
#驱动的类路径
driverClassName=com.mysql.jdbc.Driver
#连接池启动时的初始值
initialSize=1
#连接池的最大值
maxActive=50
#最大空闲值，当经过高峰时间后，连接池将已经用不到的连接慢慢释放一部分，一直减少到
maxIdle 为止
maxIdle=20
#最小空闲值，当空闲的连接数少于该值时，连接池就会预申请一些连接，以避免高峰时再申
请而造成的性能开销
minIdle=5
#超时等待时间以毫秒为单位，这里表示 50s
maxWait=50000
#指定由连接池所创建的连接的自动提交（auto-commit）状态。true 表示自动提交
defaultAutoCommit=true
#建立 JDBC 驱动连接时，附带的连接属性的格式必须是：[属性名=property;]
```

```
#注意: "user" 与"password" 两个属性会被明确地传递，因此这里不需要包含它们。
connectionProperties=useUnicode=true;characterEncoding=utf8
```

3. C3P0 连接池

C3P0 作为目前最流行的开源数据库连接池之一，C3P0 实现了 DataSource 数据源接口，同时支持 JDBC2 和 JDBC3 标准规范，性能优越并且易于扩展，著名开源框架 Spring 和 Hibernate 使用的都是 C3P0 数据源。在使用 C3P0 开发时，需要了解 C3P0 中 DataSource 接口的实现类 ComboPooledDataSource，作为 C3P0 的核心类，它提供了数据源对象的相关方法，具体如表 8.3 所示。

表 8.3　ComboPooledDataSource 类的常用方法

方法名称	功能描述
void setDriverClass()	设置连接数据库的照动名称
void setJdbcUrl()	设置连接数据库的路径
void setUser()	设置数据库的登录账号
void setPassword()	设置数据库的登录密码
woid setMaxPoolsize()	设置数据库连接池最大的连接数目
void setMinPoolsize()	设置数据库连接池最小的连接数目
void setInitialPoolsize()	设置数据库连接池初始化的连接数目
Connection getConneetion()	从数据库连接池中获取一个连接

其实，C3P0 和 DBCP 数据源所提供的方法大部分功能相同，都包含设置数据库连接信息的方法和数据库连接池初始化的方法，以及 Datasource 接口中的 getConnection()方法。

当使用 C3P0 数据源时，首先要创建数据源对象，创建数据源对象可以使用 ComboPooledDataSource 类，该类有两个构造方法，分别是 ComboPooledDataSource()和 CombopooledDatasource(String configName)。接下来，通过案例讲解构造方法是如何创建数据源对象的，具体如下（通过 ComboPooledDataSource 类直接创建数据源对象）。

【案例 8.11】通过 C3P0 连接处创建数据源对象，需要使用 c3p0.jar 包。

```
public class TestC3p0 {
/**
* 直接创建连接池
* @throws Exception
*/
public void testConn1() throws Exception {
ComboPooledDataSource cpds = new ComboPooledDataSource();
cpds.setDriverClass("com.mysql.jdbc.Driver" );
cpds.setJdbcUrl("jdbc:mysql://localhost:3306/jdbcdemo" );
cpds.setUser("root");
cpds.setPassword("admin");
cpds.setMinPoolSize(5);          //设置最小连接数
cpds.setAcquireIncrement(5);     //按需一次递增 5 个连接
```

```
cpds.setMaxPoolSize(20);          //最大连接数
System.out.println(cpds.getConnection());
}
/**
* 通过工厂创建连接池
* 为该工厂提供的配置信息必须为c3p0.properties，并且放到classpath 的根目录下面
* @throws Exceptiona
*/
public void testConn2() throws Exception {
//1.先得到一个非池化的连接池
DataSource ds_unpooled =
DataSources.unpooledDataSource("jdbc:mysql://localhost:3306/jdbcdemo
", "root", "admin");
//2.根据配置文件的参数来创建一个池化的连接池
DataSource ds_pooled = DataSources.pooledDataSource(ds_unpooled);
System.out.println(ds_pooled.getConnection());
}
}
```

8.3 DBUtils 工具

8.3.1 API 介绍

DBUtils 是 JDBC 轻量级封装的工具包，其核心的特性是对结果集的封装，可以将查询出来的结果集封装成 JavaBean。为了更加简单地使用 JDBC， Apache 组织提供了一个工具类库 commons-dbutils，它是操作数据库的一个组件，实现了对 JDBC 的简单封装，可以在不影响性能的情况下极大地简化 JDBC 的编码工作量。DBUtils 工具可以通过地址 http://commons.apache.org/dbutils/index.html 下载。我们使用的 DBUtils 版本为 Apache Commons DBUtils 1.6，本节就以该版本为例针对 DBUtils 工具的使用进行详细的讲解。

在学习 DBUtils 工具之前，先来了解一下它的相关 API。commons-DBUtils 的核心是两个类 org.apache.commons.Dbutils.DBUtils, org.apache.commons.dbutils.QueryRunner 和一个接口 org.apache.commons.dbutils.ResultSetHandler，了解这些核心类和接口对于 DBUtils 工具的学习非常重要。本节将针对 DBUtils 工具的相关 API 进行详细的讲解。

8.3.2 DBUtils 类

DBUtils 类主要为装载 JDBC 驱动程序、关闭连接等常规工作提供方法，它提供的方法都是些静态方法，具体如下。

（1）closed()方法。

在 DBUtils 类中，提供了 3 个重载的 close()方法，这些方法都是用来关闭数据连接的，

并且在关闭连接时，首先会检查参数是否为 NULL，如果不是，该方法就会关闭 Connection, Statement 和 ResultSet 这 3 个对象。

（2）closeQuietly(Connection conn, Statement stmt, ResultSet rs) 方法。

该方法用于关闭 Connection, Statement 和 ResultSet 对象。与 close()方法相比，closeQuietly()方法不仅能在 Connection, Statement 和 ResultSet 对象为 NULL 的情况下避免关闭，还能隐藏部分在程序中抛出的 SQL 异常。

（3）commitAndCloseQuietly(Connection conn)方法。

commitAndQuietly()方法用来提交连接，然后关闭连接，并且在关闭连接时不抛 SQL 异常。

（4）loadDriver(java.Lang. String driverClassName)方法。

该方法用于装载并注册 JDBC 驱动程序，成功则返回 true。使用该方法，不需要捕捉 Class NotFoundException 异常。

8.3.3　QueryRunner 类

QueryRunner 类极大简化了执行 SQL 语句的代码，它与 ResultSetHandler 组合使用就能完成绝大部分数据库操作，从而极大减少编码量。

QueryRunner 类提供了两个构造方法，一个是默认的构造方法，另一个是需要 Javax.sql.Datasource 对象作为参数的构造方法。因此，在不需要为一个方法提供数据库连接时，提供给构造器的 Datasource 就可以用来获得连接。但在使用 JDBC 连接数据库时，需要使用 Connection 对象来对事务进行管理，因此如果需要开启事务就需要使用不带参数的构造方法。针对不同的数据库操作，QueryRunner 类提供了不同的方法，具体如下。

（1）query(Connection conn, String sql, ResultSetHandler rsh, Object[] params) 方法。

该方法用于执行查询操作，其中，参数 params 表示一个对象数组，该数组中每个元素的值都用来做查询语句的置换参数。应该注意的是，该方法会自动处理 PreparedStatement 预处理语句和 ResultSet 结果集的创建和关闭。

请注意在 QueryRunner 中还有一个方法 query(Connection conn, String sql, Object[] params，ResultSetHandler rsh)。该方法与上述方法唯一不同的地方就是参数的位置。Java 1.5 版本增加了新特性：可变参数。可变参数适用于参数个数不确定，而类型确定的情况。Java 把可变参数当作数组处理，规定可变参数必须位于最后一项参数，所以此方法已过期。

（2）query(String sql, ResultSetHandler rsh, Object[] params)方法。

该方法用于执行查询操作，与第一个方法相比，它不需要将 Connection 对象传递给方法，它可以从使用的 setDataSource()方法或提供给构造方法的数据源 DataSource 中获得连接。

（3）query(Connection conn, String sql, ResultSetHandler rsh)方法。

该方法用于执行一个不需要置换参数的查询操作。

（4）update(Connection conn, String sql, Object[] params) 方法。

该方法用来执行插入、更新或者删除操作。其中，参数 params 表示 SQL 语句中的置换参数。

（5）update(Connection conn, String sql)方法。

该方法用于执行插入、更新或删除操作，它不需要使用置换参数。

8.3.4 ResultSetHandler 接口

ResultSetHandler 接口适用于处理 ResultSet 结果集，它可以把结果集中的数据转为不同的形式。根据结果集中数据类型的不同，ResultSetHandler 提供了不同的实现类，具体如下。

- AbstractkeyedHandler：该类是抽象类，能够把结果集里面的数据转换为用 Map 存储。
- AbstractListHandler：该类是抽象类，能够把结果集里面的数据转换为用 List 存储。
- ArrayHandler：把结果集中的第一行数据转成对象数组。
- ArrayListHandler：把结果集中的每一行数据都转成一个对象数组，并将其存放到数组中。
- BaseResultSetHandler：把结果集转换成其他对象的扩展。
- BeanHandler：将结果集中的第一行数据封装到一个 JavaBean 实例中。
- BeanListHandler：将结果集中的每一行数据都封装到一个 JavaBean 实例中，并将其存放到 List 里。
- BeanMapHandler：将结果集中的每一行数据都封装到一个对应的 JavaBean 实例中，然后根据指定的 key 把每个 JavaBean 存放到一个 Map 里。
- ColumnListHandler：将结果集中某一列的数据存放到 List 中。
- KeyedHandler：将结果集中的每一行数据都封装到一个 Map 里，然后根据指定的 key 把每个 Map 再存放到一个 Map 里。
- MapHandler：将结果集中的第一行数据封装到一个 Map 里，key 是列名，value 就是对应的值。
- MapListHandler：将结果集中的每一行数据都封装到一个 Map 里，然后再将其存放到 List 中。
- ScalarHandler：将结果集中某一条记录的某一列数据存储成 Object 对象。

另外，在 ResultSetHandler 接口中，提供了一个 handle(java.sql.ResultSet rs) 方法，如果上述实现类没有提供想要的功能，可以自定义一个实现 ResultSetHandler 接口的类，然后通过重写 handle()方法，实现结果集的处理。

【案例 8.12】 ResultSetHandler 接口实现结果集的处理。

```
public class TestDBUtils {
//使用 Connection 对象创建一个 QueryRunner 对象
//QueryRunner 对象中包含了封装常用 JDBC 操作的简便方法
```

```
QueryRunner queryRunner = new QueryRunner(DBUtil.getDataSource());
public void testUpdate() throws Exception {
String sql = "insert into department values(null,?,?)";
//直接传入 sql 和 sql 上面所需要的参数
queryRunner.update(sql, "开发部", "写代码嘀");
}
public void testBeanHandler() throws Exception {
/*
* 使用 BeanHandler 的提前是:
* JaveBean 中的属性名字和查询结果的列名一一对应
* 原理:
* 1. 执行 sql 后,结果都封装到 resultset 对象中
* 2. 要从 resultset 对象中取出列对应的值，必须通过列名来取出
* 3. 可以从 JaveBean 中得到 JaveBean 属性的名字,而属性的名字就是列名
* 4. 再根据 JaveBean 属性的名字从 resultset 上取出对应的值，然后将值设置到
JaveBean 的对象中
*/
//对应不上,就没有方法给 department 对象赋值
String sql = "select id,name,intro from department where id = ?";
/*
* new BeanHandler<Department>(Department.class)
* <Department>决定 query 方法返回值的类型
* (Department.class)代表 query 方法返回的对象
*/
Department department =
queryRunner.query(sql, new BeanHandler<Department>(Department.
class),1);
System.out.println(department);
}
/*
* 使用 BeanListHandler 的提前是:
* JaveBean 中的属性名字和查询结果的列名一一对应
* 原理:
* 1. 遍历结果集
  2. 对于结果集的每一行数据，使用类似 BeanHandler 的方式将一行 ResultSet 值包
  装为一个 JaveBean 对象
  3. 将 JaveBean 保存到一个对象列表中
  4. 返回对象列表
*/
public void testBeanListHandler() throws Exception {
QueryRunner queryRunner = new QueryRunner(DBUtil.getDataSource());
String sql = "select * from department";
List<Department> ds=
queryRunner.query(sql, new BeanListHandler<Department>(Department.
class));
System.out.println(ds);
```

```
}
public void testMapHandler() throws Exception {
QueryRunner queryRunner = new QueryRunner(DBUtil.getDataSource());
String sql = "select * from product where id =1";
//将查询出来的行封装到对象 map 中，该 map 的键为列名，map 的值为该列中的内容
Map<String, Object> map = queryRunner.query(sql, new MapHandler());
System.out.println(map);
}
public void testMapListHandler() throws Exception {
QueryRunner queryRunner = new QueryRunner(DBUtil.getDataSource());
String sql = "select * from product";
//将查询出来的每一行封装到对象 map 中，然后将 map 放到 list 中
List<Map<String, Object>> maps = queryRunner.query(sql, new MapList
Handler());
for (Map<String, Object> map : maps) {
System.out.println(map);
}
}
```

【项目总结】

工商购物中心后台信息管理需要进行身份认证和授权，只有相应权限才能打开商城管理中心商品列表。在应用程序和数据库之间使用的主要技术是 JDBC。

通过购物中心项目之后台商品信息处理模块的学习，应该掌握 JDBC 的基本操作，理解 JDBC 处理事务与数据库连接池，学会使用 DBUtils 工具，从而更加简单地使用 JDBC。

【项目拓展】

1．完成工商职业购物中心后台的 JDBC 连接。

2．仿照工商购物中心登录和商城管理中心商品面页访问，编写一个新的 Java 项目并调用后台数据库，使用 JDBC、JDBC 事务与数据库连接池和 DBUtils 工具等相关技术。

参 考 文 献

传智播客高教产品研发部，2016．Java Web 程序开发进阶[M]．北京：清华大学出版社．

传智播客高教产品研发部，2015．Java Web 程序开发入门[M]．北京：清华大学出版社．

耿祥义，张跃平，2015．JSP 实用教程[M]．3 版．北京：清华大学出版社．

林上杰，林康司，2004．JSP 2.0 技术手册[M]．北京：电子工业出版社．

彭兵，2019．浅谈 MVC 设计模式在 JSP 程序中的应用[J]．信息与电脑（理论版）(11)：110-111．

温秀梅，祁爱华，2014．Java 程序设计教程[M]．北京：清华大学出版社．